Aktien für Einsteiger

| ETFs |

Finanzielle Intelligenz:

Der große Investment Guide

Vom Anfänger zum Intelligenten Investor inkl. Technischer Analyse, Portfoliostrategie & Kennzahleninterpretation

Alexander Borchardt

ISBN – 9798755042079

Inhalt

Aktien und ETFs – Großes Risiko oder Große Chance?

Aktien sind seit vielen Jahrzehnten eine bewährte Anlageform, der jedoch nach wie vor ein zwielichtiger Ruf vorauseilt. Aktien werden als besonders risikoreich angesehen, als Anlageform, bei der man viel gewinnen, aber auch viel verlieren kann. Doch ist das wirklich so?

Diese Frage lässt sich in erster Linie mit harten Fakten beantworten: Aktien werden immer beliebter, sind aber in Deutschland noch lange nicht so verbreitet wie traditionelle Anlageformen. Der Großteil der Deutschen hält sein Vermögen immer noch in Bargeld und Einlagen. Die Effektivverzinsung dieser Anlageformen beträgt grob 0,5 bis 2 Prozent. Das sind Werte, die in der Regel unterhalb der Inflationsrate liegen. Traditionelle Anlageformen haben demnach in der modernen Finanzwelt ausgedient, da sie in Summe betrachtet mehr Wert vernichten als schaffen. Im Gegensatz dazu lag die durchschnittliche Jahresrendite von Aktien deutscher Großunternehmen in den letzten Jahrzehnten bei etwa 12 Prozent. Bei einer Anlagedauer von rund 15 Jahren war seit über sieben Jahrzehnten auch kein Verlust mehr zu befürchten. Selbst im Jahr 2008, dem Jahr der globalen Bank- und Finanzkrise, lagen die Renditen langfristiger Anlagen in DAX-Unternehmen noch immer weit über jenen maximal 2 Prozent, die traditionelle Anlageformen bieten.

Sind Aktien nun also Chance oder Risiko? Die Antwort lautet: beides! Denn die vorab beschriebenen Renditeerwartungen gelten nur für einen langfristigen Anlagehorizont und für sogenannte Blue-Chip-Aktien, also Aktien von sehr großen, erfolgreichen Unternehmen. Und diese Renditeerwartungen können auch nur dann realisiert werden, wenn ein Grund-Know-how über den Aktienmarkt vorhanden ist. Die gute Nachricht lautet jedoch: Sobald dieses Grund-Know-how in Form finanzieller Intelligenz angeeignet wurde, ist der Aktienmarkt ein Anlagemarkt voller Möglichkeiten.

Aktien eignen sich primär für die langfristige Geldanlage und bieten hier deshalb so viele Möglichkeiten, weil im Vergleich zu anderen langfristigen Geldanlageformen, etwa Immobilien, bereits ein niedriger Betrag reicht, um einzusteigen. Die Chance auf eine hohe Rendite steigt mit den Informationen, die Sie über die Unternehmen gesammelt haben, in die Sie investieren wollen. Diese Unternehmen müssen sorgfältig ausgewählt werden – wer hier richtig liegt, kann seine ursprünglichen Investitionen um ein Vielfaches vermehren.

An dieser Stelle setzt der vorliegende Ratgeber an: Sie erfahren, wie Aktien funktionieren, worauf Sie bei der Anlage achten müssen, warum Diversifikation so wichtig ist und wie Sie Ihre Anlagen im Blick behalten und die richtigen Schlüsse ziehen. Am Ende der Lektüre haben

Sie den notwendigen Grundstock an Know-how aufgebaut, um:

- Aktien zu verstehen
- weitere Anlageformen wie ETFs zu kombinieren
- die richtige Anlagestrategie zu finden
- sinnvolle Finanzentscheidungen zu treffen

Damit werden Sie in der Lage sein, selbstständig eine sorgfältige Auswahl sowie eine Bewertung von Aktien durchzuführen, um mit wenig Aufwand große Renditen zu erzielen.

First things first: Begriffe, Chancen, Risiken

Aber so weit sind wir noch nicht. Finanzielle Intelligenz beginnt mit den Grundlagen und am Anfang dieser Grundlagen stehen die Begriffe. Wer mit Aktien und ETFs jongliert, muss wissen, was damit gemeint ist und wofür diese Begriffe stehen:

- **Aktien:** Aktien sind jedem ein Begriff, doch könnten Sie auf Anhieb erklären, worum es sich eigentlich handelt? Das ist einfach erklärt: Aktien sind Unternehmensanteile, oder konkret, das Grundkapital eines Unternehmens, das als Aktiengesellschaft gegründet wurde. Das Grundkapital ist jener Teil des Eigenkapitals, der bei Unternehmensgründung eingebracht und in Kapitalerhöhungen aufgebracht werden muss. Mit dem Besitz einer Aktie ist kein Recht am Unternehmen selbst verbunden, allerdings gibt der Anteil am Grundkapital dem Aktionär bestimmte Rechte. Aktionäre dürfen (1) Rechenschaft von Vorstand und Aufsichtsrat einfordern, (2) über die Zusammensetzung des Aufsichtsrats bestimmen und (3) einen Anteil am Unternehmensgewinn ausgezahlt bekommen. Der dritte Punkt, die sogenannte Dividende, ist jener Aspekt, der Geldanlegern besonders wichtig ist und um den sich der vorliegende Ratgeber dreht.

- **Aktienfonds:** Die Anlage in Aktien ist dann besonders profitabel, wenn sie diversifiziert erfolgt, die Kapitalanlage also in vielen verschiedenen Anlageformen vorgenommen wird. Im Idealfall werden Aktien aus möglichst vielen verschiedenen Branchen und Regionen gekauft. Wer weder das Geld noch die Zeit hat, sich um diese Diversifikation selbst zu kümmern, investiert in Aktienfonds. Bei einem Fonds wird das Geld vieler Anleger gebündelt und gemeinsam in Aktien investiert. Jeder Investor hält einen bestimmten Anteil an diesem Fonds. Teilweise kann hier bereits mit Kleinstbeträgen eingestiegen werden, manchmal schon ab 25 Euro. Mit dem Investment in nur einen Fonds halten Sie Anteile an oftmals mehreren Tausend Unternehmen weltweit – ganz automatisiert und ohne, dass Sie sich mit all diesen Unternehmen selbstständig und im Einzelnen auseinandersetzen müssen.

- **ETFs:** Doch was hat es nun mit ETFs auf sich und wie passen sie in das Konzept der Aktienanlage? Das Stichwort ist auch hier: Diversifikation. ETF ist die Kurzbezeichnung für „Exchange Traded Funds". Dabei handelt es sich um ein modernes, aufstrebendes Finanzprodukt, das seit einigen Jahren immer größeren Anklang findet. ETFs sind börsengehandelte Indexfonds. Der Vorteil von ETFs ist, dass das in den Fonds investierte Geld den rechtlichen Status eines Sondervermögens hat und dieses Geld somit bei einer Insolvenz des Emittenten geschützt ist. Das Ziel der ETFs respektive des

Fondsmanagements dahinter ist es, einen bestimmten Index nachzubilden. Mit ETFs erhalten Investoren daher die Möglichkeit, mit nur einer Transaktion einen gesamten Index, etwa einen Aktien-Index oder Anleihe-Index – zu kaufen. Mit dem Kauf eines ETFs kann somit ein ganzer Markt oder ein bestimmtes Segment erworben werden. Dadurch wird ein Maximum an Diversifikation erzielt.

Zurück zu den Aktien: Wer sich für diese Anlageform entscheidet, muss verstehen, dass Aktien nicht gleich Aktien sind. In der Ausgestaltung und Art lassen sich Aktien in vier Kategorien unterscheiden.

Stammaktien vs. Vorzugsaktien	
Mit dem Kauf einer Stammaktie wird das Recht erworben, an der Hauptversammlung des Unternehmens teilzunehmen. Zudem erhält der Aktionär ein Stimm- und Auskunftsrecht und das Recht auf eine Dividende.	Vorzugsaktien bieten einen Vorteil gegenüber Stammaktien, indem sie in der Regel mit einer höheren Dividendenzahlung verbunden sind. Allerdings besteht hier auch ein großer Nachteil gegenüber Stammaktien: Es besteht kein Stimmrecht, sodass keine Mitsprache an den Vorgängen im Unternehmen möglich ist.

Inhaberaktien vs. Namensaktien	
Eine weitere Unterscheidung bildet die Übertragungsmöglichkeit der Aktien. Inhaberaktien werden durch Einigung und Übergabe der Aktie an der Börse übertragen. Der Inhaber ist daher stets der Besitzer der Aktie.	Beim Kauf einer Namensaktie wird hingegen der Käufer mit Name, Geburtsdatum, Adresse und Anzahl der gehaltenen Aktien im Aktienbuch des Unternehmens eingetragen. Dies hat den Vorteil, dass dem Unternehmen die Aktionärsstruktur bekannt ist. Zudem besteht die Möglichkeit einer Direktansprache der Aktionäre.

Da Sie nun wissen, womit Sie es zu tun haben, sollte Ihnen in einem nächsten Schritt bewusst werden, worauf Sie sich einlassen. Abhängig davon, welche Anlagestrategie Sie verfolgen, sind unterschiedliche Aspekte zu beachten. So ist die erste Entscheidung, die Sie treffen, etwa, ob Sie in eine Einzelaktie oder in einen Aktienfonds (oder ETF) investieren wollen. Beides hat Vor- und Nachteile.

Einzelaktie	Fonds
Einzelaktien versprechen eine durchschnittliche Performance.	Die Performance von Fonds kann außerordentlich gut sein, sie kann jedoch auch gegen null gehen.
Bei der Investition in Einzelaktien ist eine breite Risikostreuung möglich.	Die Risikostreuung in Fonds ist sehr groß, muss aber auch teuer erkauft werden.
Die Auswahl einiger Einzelaktien ist mit einem geringen Zeitaufwand verbunden.	Die Beschäftigung mit Aktienfonds kann zeitintensiv sein.
Die Investition in Einzelaktien ist kostengünstig möglich.	Bei Fonds sind oftmals bestimmte Mindestanlagen vorgegeben, sodass die Investition kostenintensiv sein kann.
Bei Einzelaktien gibt es keine Möglichkeit der Mitbestimmung.	In Aktienfonds besteht die Möglichkeit, ein Stimmrecht auszuüben.
Bei Einzelaktien besteht eine gute Renditemöglichkeit bei geringem Aufwand und niedrigen Kosten.	Bei Aktienfonds besteht eine ausgezeichnete Renditemöglichkeit, sofern Sie Aktien zu Ihrem Hobby machen wollen und sich gerne mit der Thematik auseinandersetzen.

Wer in Aktien investiert, muss wissen, dass es sich bei diesem Geld um Sondervermögen handelt. Die Bank, bei der ein Depot eingerichtet wird, dient nur als Mittelsmann zwischen dem Investor und dem Unternehmen. Das Geld wird hier also nur verwaltet. Sollte die Bank insolvent gehen, liegt das investierte Geld weiterhin beim Unternehmen und ist demnach vor der Insolvenz der Bank geschützt. Die Bank muss dafür sorgen, dass die Aktien von einer anderen Bank weiter verwaltet werden. Es kommt daher zu keinem Verlust des Vermögens.

Und wo es gerade um Vermögen geht: Bevor Sie eine Anlagestrategie wählen, müssen Sie wissen, was eine Aktie wert ist. Der Wert der Aktien wird, pauschal gesprochen, vom Markt bestimmt. Eine Aktie kostet, was jemand bereit ist, für sie zu zahlen. Hier ist zu beachten, dass zwischen dem *Preis* einer Aktie und deren *Wert* ein erheblicher Unterschied besteht. Dieser Unterschied geht auf die Lehren von Adam Smith und Karl Marx zurück. Darin zu finden ist die Aussage, dass Wert durch Arbeit entsteht, diese Arbeit jedoch auch gesellschaftlich anerkannt sein muss. Diese Anerkennung wird am Markt durch Käufer entgegengebracht. Daraus folgt: Wenn auf dem Markt für etwas bezahlt wird, ist es wertvoll. Bezahlt wird jedoch ein Preis, kein Wert. Der Preis kann unter oder über dem eigentlichen Wert liegen. In einer langfristigen Betrachtung ist stets davon auszugehen, dass der Preis dem Wert nahekommt. Dennoch kann ein objektiver Wert kaum je genau bestimmt werden und wird so an den Nutzen gekoppelt. Dies ist nur für den Preis und dessen Entwicklung möglich. Am Markt wird der

Wert eines Gutes somit durch dessen Nützlichkeit bestimmt. Bei einer Aktie liegt der Nutzen in der Möglichkeit, das Vermögen zu vermehren. Daraus folgt, dass der Wert einer Aktie sich nach der Chance auf einen zusätzlichen Ertrag bemisst. Um diese Chance gut abwägen zu können, bestehen Methoden der Wertbestimmung, die im Kapitel Aktien näher beschrieben werden, sowie Analysemethoden, die im weiteren Verlauf der Lektüre näher besprochen werden.

Zu Beginn des Abenteuers steht zuletzt noch die Frage, was es mit dem Klischee der risikobehafteten Aktienanlage auf sich hat. Wie viel Risiko müssen Sie einkalkulieren? Welche Chancen stehen dem gegenüber? Was sind die Vorteile, was die Nachteile der Geldanlage in Aktien und ETFs?

- **Risiken:** Das Risiko bei der Anlage in Aktien und ETFs besteht in der Gefahr von Kursverlusten, also im allgemeinen Anlagerisiko. Sechs grundlegende Risiken müssen im Auge behalten werden: (1) Inflation: Wenn Preise steigen und der Wert des Geldes sinkt, entsteht Inflation. Das Inflationsrisiko ist ernstzunehmen, wenn die Rendite einer Geldanlage kleiner als die Inflationsrate ist. (2) Konjunkturzyklus: Jede Wirtschaft entwickelt sich in konjunkturellen Zyklen. Die meisten Unternehmen können sich diesen Zyklen nicht entziehen. Die Veränderungen wirken sich daher auch auf die Kursentwicklungen ihrer Aktien aus. (3) Währungsrisiko: Werden Wertpapiere in fremder

Währung gehalten, hängt die Rendite vom Devisenkurs ab. Sinkt dieser, verlieren auch die in der Währung gehaltenen Wertpapiere an Wert. (4) Stabilität: Wirtschaftliche und politische Instabilität führt dazu, dass Zahlungen in bestimmte Länder eingestellt werden. Dies hat auch auf Geldanlage in diesen Ländern Einfluss. (5) Steuerrecht: Kapitalerträge sind steuerpflichtig. Die steuerliche Gesetzgebung hat daher Einfluss auf die Geldanlage und kann sich nachteilig darauf auswirken. (6) Liquiditätsrisiko: Findet sich für ein Wertpapier kein passender Käufer, entsteht ein Liquiditätsrisiko, da das Wertpapier nicht liquidiert werden kann.

- **Chancen:** Die Chancen für Anleger liegen auf der Hand: Profit. Anleger können von Kursgewinnen profitieren und durch Dividenden ihr Vermögen vermehren. Aktien sind zudem in der Regel liquide und daher dem zuvor beschriebenen Liquiditätsrisiko nicht ausgesetzt. Sie sind einfach und allgegenwärtig auf Börsen handelbar. Zudem bringen Aktien bestimmte Informations- und Mitbestimmungsrechte mit sich, die es bei anderen Anlageformen nicht (immer) gibt.

- **Nachteile:** Die vorab beschriebenen Risiken führen auch zum gravierenden Nachteil von Aktien: In Krisenzeiten oder bei schlechter Unternehmensperformance drohen hohe Verluste. Zudem führt die Insolvenz eines Unternehmens zum kompletten Verlust der Investition.

- **Vorteile:** Gleichzeitig ist die Aussicht auf Dividendenzahlungen der wohl größte Vorteil. Durch die Dividende ist eine laufende Verzinsung der einmal getätigten Investition möglich. Die Kursschwankungen, denen Aktien unterliegen, können auch zu sehr großen Gewinnen führen – sowohl langfristig als auch kurzfristig.

Sie wissen nun, worauf Sie sich einlassen? Dann geht es einen Schritt weiter.

Das 101 der modernen Finanzanlage: Streuung, aber wie?

Die Risiken und Nachteile, über die Sie informiert wurden, können minimiert werden, wenn die richtige Streuung – oder Diversifikation – vorliegt. So weit, so gut. Doch was bedeutet das eigentlich?

Bei der Geldanlage steht die Diversifikation im Vordergrund. Daher stehen Fonds und ETFs seit einigen Jahren im Fokus und werden immer beliebter. Doch was bedeutet Diversifikation? Die Diversifikation ist ein – wesentlicher – Teilaspekt der Anlagestrategie. Für diese Strategie gibt es einen perfekten Fahrplan, der sich in folgende fünf Phasen gliedert:

Ziele	Bevor über die konkrete Anlage entschieden wird, müssen die Ziele definiert werden: • Was sind Ihre Anlageziele? • Wie lassen sich diese Ziele umsetzen? • Welche Kapitalanlage ist die richtige, um die eigenen, individuellen Anlageziele zu erreichen?
Strategie	Erst wenn die Ziele feststehen, kann die Strategie wie folgt festgelegt werden: • Diversifikation: Anleger sollten nicht alles auf eine Karte setzen. Mit zunehmender Anlagesumme sollte die

	Investition immer breiter gestreut werden. So können Einzelrisiken gering gehalten werden. Die Streuung sollte verschiedene Regionen, Märkte, Branchen, Anlageformen und Fremdwährungen beinhalten. • Grad: Der Grad der Diversifikation ist ein Balanceakt. Es ist nicht sinnvoll, in zu viele verschiedene Anlagen zu investieren. Empfehlenswert ist eine Investition in eine überschaubare Anzahl von Anlagen, die man kennt und über die ausreichend Informationen verfügbar sind. Eine zu hohe Streuung erfordert zudem sehr viel Engagement und einen hohen Informations- und Kostenaufwand.
Analyse	Nach der Festlegung der Strategie folgen die Analyse und die Entscheidung: • Bestandsaufnahme: Eine exakte Bestandsaufnahme des persönlichen Vermögens dient als Entscheidungshilfe für eine gezielte Finanzplanung. • Bewertung: Eine Kapitalanlage sollte unter allen zur Verfügung stehenden Informationen betrachtet werden, nicht nur durch einzelne Gesichtspunkte, die als wichtig wahrgenommen werden, etwa die Steuerersparnis. • Faustregel: Je höher die Chance der Geldanlage, desto höher das Risiko. Je höher das Risiko, desto höher sollte die Rendite sein.

Timing	Der Erfolg der Strategie wird wesentlich durch das Timing beeinflusst: • Geduld ist das A und O der Geldanlage. Die Regel ist, dass es pro Jahr nur wenige gute Anlagegelegenheiten am Markt gibt. Es ist wichtig, auf diese Gelegenheiten zu warten und keine übereilten Entscheidungen zu treffen. • Nicht nur Kursentwicklungen sind wichtig, sondern auch die Umsätze und Trends am Markt. Bei geringen Umsätzen können schnell Zufallskurse entstehen. Hohe Umsätze sind oft ein Signal für weiter steigende Kurse. • Es ist sinnvoll, zum richtigen Zeitpunkt gegen den Trend zu handeln. • Wurde eine Anlageentscheidung getroffen, sollte diese längerfristig durchgehalten werden. Dabei ist es jedoch wichtig, diese ständig zu beobachten.
Kritische Erfolgsfaktoren	Bei der Beobachtung der Anlagestrategie sollten folgende kritische Erfolgsfaktoren beachtet werden: • Nur in Anlagen investieren, die Sie verstehen. • Es gibt keine risikofreie Anlage. • Das Geld nur Institutionen mit erstklassiger Bonität anvertrauen. • Empfehlungen immer kritisch betrachten. Anlagetipps immer genau prüfen. Immer eigenständige Recherchen anstellen. • Nicht von Emotionen (Stichwort: Ungeduld) leiten lassen.

	• Verluste durch rechtzeitigen Verkauf minimieren. • Kleine Gewinne nicht vorschnell sichern. • Prognoserechnungen kritisch bis misstrauisch betrachten. • Irrtümer von vornherein einkalkulieren. • Anlagen sollten sicher und leicht liquidierbar sein.

Nachdem Sie nun einen Fahrplan haben, sollte Ihr nächster Schritt der Fokus auf die konkrete Diversifikation Ihrer Anlagestrategie sein. Auch hierfür gibt es eine Art Fahrplan, der folgende Grundregeln umfasst:

- Das Gewinn- und Verlustpotenzial einer jeden Anlage kann niedrig, begrenzt oder hoch sein.
- Jeder dieser drei Potenzial-Ebenen lassen sich verschiedene Anlageformen zuordnen.
- Diversifikation wird erreicht, indem aus allen Ebenen geeignete Formen gewählt werden.

Potenzial	Mögliche Anlageformen
Niedrig	• Festverzinsliche Wertpapiere • Rentenfonds • Sach- und Lebensversicherungen • Bausparen • Einlagen
Begrenzt	• Offene Immobilienfonds • Aktien und Aktienfonds • Edelmetalle • Währungsanleihen
Hoch	• Risikokapital • Hedgefonds • Investitionen mit innovativem Charakter • Genussrechte • Geschlossene Immobilienfonds • Abschreibungs- und Rohstoffgesellschaften • Futures, Optionen • Spekulative Aktien

Das Wissen um diese Anlagepyramide ist die Grundlage Ihrer Anlagestrategie. Nur eine ausgewogene Streuung führt langfristig zu einer nachhaltigen Vermögenssteigerung. Hier sind folgende Punkte zu beachten:

- Die eigene Vermögenssituation als Ausgangspunkt. Die individuelle Vermögenssituation wird durch folgende Punkte bestimmt: vorhandenes Geld- und Sachvermögen, Mentalität des Anlegers, persönliche und berufliche Lebensziele, Risikobereitschaft, steuerliche Situation, Altersversorgung.

- Die Anlagedauer, die Auswirkung auf die Rentabilität und Sicherheit der Kapitalanlage hat.
- Reale Werte wie Aktien, Immobilien oder Edelmetalle bieten Schutz gegen die Geldentwertung und sind daher wesentlicher Bestandteil eines jeden Anlageportfolios. Bei langfristigen Anlagen von mehr als zehn Jahren sollte vermehrt auf diese realen Werte gesetzt werden.
- Die laufenden Kosten sollten immer im Auge behalten und vorab einberechnet werden. Hierzu zählen insbesondere Erwerbskosten, Erwerbsnebenkosten, Verwaltungskosten, Kontoführungsentgelte, Depotkosten, Verkaufskosten.

Die Planung sollte so angelegt werden, dass auch das zu versteuernde Einkommen möglichst verringert wird. Hier spielen primär die Nachsteuerrendite, die Einkommensteuer und die Erbschafts- und Schenkungsteuer eine Rolle bei der Bewertung der eigenen Anlagestrategie. Um dabei richtig vorzugehen, gibt es zwei Faustregeln:

- Je höher das Gesamtvermögen des Anlegers, desto mehr Möglichkeiten zur Steueroptimierung bestehen.
- In Niedrigzinsphasen sowie bei politischen Risiken oder Markt- und Währungsrisiken sollte mehr Liquidität gehalten werden.

Zu einer laufenden Bewertung und Beobachtung gehört die jährliche Inventur der privaten Vermögensanlagen. Hier sollte die vorgesehene und geplante Vermögensstruktur mit den tatsächlichen Anlagen abgeglichen werden.

In Ihrem Finanzanlage-Fahrplan sind Sie nun schon mitten in der Umsetzung der Strategie. Die Umsetzung sollte folgende Phasen beinhalten:

- Vermögensaufbau
- Vermögenssicherung
- Altersvorsorge

Für den Vermögensaufbau gibt es verschiedene Strategien. Einzelne Anlageentscheidungen ergeben sich durch aktuelle Angebote, günstige Konditionen oder steuerliche Aspekte. Die Summe aller Entscheidungen führt zu einer bestimmten Vermögensstruktur. Entscheidend für den Erfolg hier ist, dass das Vermögen langfristig den individuellen Bedürfnissen entspricht. Aus diesem Grund muss die Anlagestrategie langfristig ausgerichtet werden und alle Vermögenswerte einbeziehen, neben Aktien und weiteren Anlageformen somit auch das Geldvermögen auf Konten. Um die richtigen Entscheidungen zur individuellen Anlagestrategie zu treffen, müssen neben den persönlichen Bedürfnissen auch anlagenbezogene Kriterien mit einbezogen werden. Dabei handelt es sich um die jeweiligen Merkmale der gewählten Anlageform:

- **Anlagedauer:** Die Dauer kann ein fest vereinbartes Fälligkeitsdatum sein oder eine zu beachtende Kündigungsfrist.
- **Anlagebetrag:** Hier sind zusätzliche Kosten zu beachten, etwa der Ausgabeaufschlag beim Fonds.
- **Liquidierbarkeit:** Ein angemessener Teil des Vermögens sollte leicht und schnell liquidierbar sein, sodass auch für unvorhersehbare Ereignisse stets Bargeld verfügbar ist.
- **Fungibilität:** Die Fungibilität ist die Verkaufsfähigkeit eines Vermögenswertes. Sie bestimmt damit, wie schnell Vermögenswerte in Bargeld umgewandelt werden können.
- **Rentabilität:** Bei Bewertung der Rentabilität müssen neben der potenziellen Wertsteigerung weitere Aspekte berücksichtigt werden, insbesondere die Verwaltungskosten, die Geldentwertung, steuerliche Gesichtspunkte sowie die vorab genannten Risiken. Auch die Sicherheit und Wertbeständigkeit müssen berücksichtigt werden, ebenso die Seriosität und Bonität der Partner.

Der Besteuerung muss ein besonderer Fokus beigemessen werden. Diese hängt wie folgt mit der Diversifikation der Wertanlagen zusammen:

- Die Steuerlast kann durch Streuung des Vermögens auf unterschiedliche Anlageformen gemindert werden.

- Sie kann zudem durch Aufteilung auf verschiedene Personen gemindert werden.
- In manchen Fällen bzw. Ländern ist Sach- und Beteiligungsvermögen günstiger besteuert als Geldvermögen.

Wenn einzelne Anlageentscheidungen getroffen werden, müssen auch Aspekte der Vermögenserhaltung und -erweiterung beachtet werden. Dafür ausschlaggebend ist die konsequente Umsetzung der Anlageentscheidungen. Der Vermögenserhalt kann nur sichergestellt werden, wenn eine laufende Erfolgskontrolle stattfindet. Die Erfolgskontrolle muss im Hinblick auf vier Zielgrößen durchgeführt werden:

- Rentabilität
- Sicherheit
- Liquidierbarkeit
- Steueroptimierung

Der nächste Schritt nach dem laufenden Vermögensaufbau ist die Vermögenssicherung. Diese basiert auf vier Säulen:

- Liquiditätssicherung
- Absicherung gegen Basisrisiken
- Aufbau der Altersvorsorge
- Steuerminimierung

Die Liquiditätssicherung ist besonders entscheidend, da im Leben oft unvorhergesehene Dinge passieren können. Daher ist es stets notwendig, ein „Polster“ von einigen Tausend Euro auf einem leicht verfügbaren Konto, etwa einem Tagesgeldkonto, bereitzuhalten.

Bei der zweiten Säule, der Absicherung gegen Basisrisiken, geht es in erster Linie um die eigene respektive die familiäre Absicherung. Eine Absicherung existenzieller Risiken ist ebenso wichtig wie die Absicherung gegen Wertverluste.

Werden Anlageentscheidungen getroffen, ist des Weiteren auch stets die Altersvorsorge im Blick zu behalten. Diese sollte immer aus einer Basisversorgung (gesetzliche Rente, private Rente), einer kapitalgedeckten Zusatzversorgung (etwa Riester-Rente) und Kapitalanlageprodukten bestehen. Auch wenn bereits langfristiges Vermögen gebildet wurde, müssen die zuvor getroffenen Maßnahmen und die Vermögensstruktur stets auf deren Eignung für die Altersvorsorge überprüft werden. Nur langfristige Planung, klare Strategien und deren konsequente Umsetzung führen zu einem erfolgreichen Vermögensaufbau. Im Hinblick auf die Bewertung mit Fokus auf die Altersvorsorge sind folgende Kriterien wichtig:

1. Unabhängigkeit von den Finanzproblemen öffentlicher Kassen;
2. Reserve für unvorhergesehene Fälle wie etwa Krankheit oder Berufsunfähigkeit;

3. Reserve für vorhersehbare Aufwendungen wie etwa die Ausbildung der Kinder;
4. Reserve für die Erhaltung des Lebensstandards.

Wie vorab erläutert, sind auch steuerliche Aspekte zu beachten. Steuersparmöglichkeiten sollten immer genutzt werden, da sie die effektiven Erträge signifikant steigern oder mindern können. Folgende Punkte sind dabei wesentlich:

1. Freibeträge und Freigrenzen der Einkommensteuer,
2. Freibeträge und Freigrenzen der Erbschaftsteuer und Schenkungsteuer,
3. rechtlich sinnvolle Testamentsgestaltung,
4. steuerlich sinnvolle Testamentsgestaltung.

Aktien und Aktienanalyseverfahren

Nachdem nun der Fahrplan festgelegt ist und Sie wissen, was Sie wann zu tun haben, ist es notwendig, sich das essenzielle Detailwissen über Aktien anzueignen. Nur so ist es möglich, sinnvolle Anlageentscheidungen zu treffen, die in Summe zu einem gelungenen Vermögensaufbau führen.

Um Aktien verstehen zu lernen, ist es wichtig, die Grunddynamiken der Börse zu kennen. An der Börse zu investieren, wird häufig als Spekulation missverstanden. Doch werden langfristige Anlageziele gesetzt, sind Aktieninvestitionen keine Spekulation, sondern eine kalkulierbare Strategie. Die Planbarkeit hängt hier vom Verständnis der Dynamik möglicher Kursentwicklungen ab:

- Kurzfristige Kursentwicklung: Die kurzfristigen Entwicklungen an der Börse werden in erster Linie von Emotionen getrieben. Dabei sind Gier oder Angst die größten und gefährlichsten Emotionen. Werden kurzfristige Anlageentscheidungen getroffen, sind diese häufig irrational. Das liegt daran, dass kurzfristige Kursentwicklungen eines Unternehmens nichts über dessen Zukunftsfähigkeit aussagen. Wie vorab erklärt, können der Preis einer Aktie und der tatsächliche Wert des Unternehmens oft stark voneinander abweichen.

- Langfristige Kursentwicklung: Langfristig ist es sehr viel wahrscheinlicher, dass der Aktienkurs den echten Wert des Unternehmens widerspiegelt. Die Anlagestrategie muss daher darauf ausgerichtet sein, wertvolle Unternehmen zu erkennen und diese auszuwählen. Kurzfristige Entwicklungen sollten bei dieser Entscheidung nicht zur Verunsicherung führen.

Wie vorab erörtert, ist es möglich, in Einzelaktien oder Aktienfonds zu investieren. Beide Methoden haben ihre Vor- und Nachteile (siehe Tabelle). Bei Einzelaktien ist es wichtiger, sich mit den verschiedenen Aspekten der Aktien intensiver auseinanderzusetzen, während bei Fonds gebündelte Anlageentscheidungen durch das Fondsmanagement getroffen werden. In beiden Fällen ist es wichtig, ein Grundverständnis dafür zu haben, wie sich der Wert der Aktie, der, wie zuvor erörtert, nicht zwangsweise mit dem Preis gleichzusetzen ist, bestimmen lässt. Hierfür gibt es geeignete Methoden:

Im Internet und in Fachbüchern kursieren zahlreiche Methoden, einige davon intellektuell anspruchsvoll und hochwertig. Diese Methoden sind jedoch oftmals nicht alltagstauglich. Für die laufende Anwendung der Methoden zur Bewertung von Aktien ist es wichtig, dass die Bewertungsmethode zuverlässig, gut verständlich und leicht umzusetzen ist.

Ausgangspunkt der Bewertung ist der Jahresabschluss der Unternehmen, in die investiert werden soll. Ein Blick hinein verrät die zwei grundlegenden Aspekte, die mehr oder weniger direkt auf den Aktienerfolg schließen lassen: (1) Der erste Aspekt ist der Unternehmenserfolg, durch den das Eigenkapital der Aktie steigt; (2) Der zweite Aspekt ist die Entwicklung des Kalkulationszinses, mit dem die Anleger den erwarteten Unternehmenserfolg bewerten.

Der Unternehmenserfolg ist ein wichtiges Kriterium, da zusätzlich verdientes Eigenkapital des Unternehmens als Dividende ausgeschüttet oder im Unternehmen als Rücklage verwendet werden kann. Beide Fälle sind für Sie als Anleger attraktiv: Beim Ausschütten der Dividende kommt es zu einem direkten Vermögensgewinn. Bildet das Unternehmen Rücklagen, kann das positive Auswirkungen auf Ihr Aktiendepot haben. Dies kann am besten mit einem Beispiel erläutert werden:

- Sie halten eine Aktie mit einem Anteil am Grundkapital von 100 Euro. Zehn Aktien wurden emittiert, sodass das Grundkapital 1000 Euro beträgt. Der Jahresüberschuss des Unternehmens liegt bei 10 Euro. Diese sollen nicht als Dividende ausgeschüttet werden.

- Dieser Entscheidung muss die Aktionärshauptversammlung zustimmen. Ist dies der Fall, beträgt das neue Grundkapital 1010 Euro. Dieses Eigenkapital gehört den Aktionären. Daraus folgt, dass die Aktie, die einen Anteil von 100 Euro hält, nun ein Eigenkapital von 101 Euro verbrieft.

- Der Wert von 100 Euro ist der Nennwert der Aktie, der Betrag von 101 Euro ist der Buchwert der Aktie. Dieser Buchwert je Aktie ist ein wesentlicher Hinweis auf den Wert, den die Aktie tatsächlich hat.
- Aus diesen Kenntnissen lässt sich eine Prognose über die künftige Entwicklung des Unternehmens stellen. Der Buchwert der Aktie soll von Ihnen nicht bezahlt werden, wenn in naher Zukunft eine Insolvenz des Unternehmens zu erwarten wäre. Andererseits sollten Sie auch bereit sein, mehr als den Buchwert zahlen zu wollen, wenn eine sehr positive Entwicklung des Unternehmens zu erwarten ist.

Um nun den Wert der Aktie und damit die Sinnhaftigkeit des Aktienkaufs zu bestimmen, gibt es verschiedene Analyseverfahren. Wie diese funktionieren, erfahren Sie in den nachfolgenden Kapiteln.

Fundamentalanalyse

Die Fundamentalanalyse bezieht sich auf die detaillierte Analyse des Jahresabschlusses und Annahmen über künftige Entwicklungen des Unternehmens. In der Fachliteratur werden hierzu viele unterschiedliche Methoden vorgestellt, manche mehr alltagstauglich als andere. Die Grundschritte sind jedoch in der Regel dieselben. Diese Schritte sind einfach und verständlich:

- In einem ersten Schritt wird der Jahresabschluss analysiert. Das Ergebnis ist die Bewertung des Unternehmens anhand bestimmter Kriterien.
- In einem nächsten Schritt wird die konkrete Chance der Aktie bewertet. Einerseits geht es hierbei um die Einschätzung der künftigen Entwicklung des Unternehmens. Hier ist das Ergebnis die Rendite, die mit einem Aktienkauf erzielt werden könnte. Andererseits geht es um die Bewertung des Risikos der künftigen Entwicklung. Ergebnis ist die Rendite, die von der Aktie zu fordern wäre.

Der erste Schritt ist somit die Jahresabschlussanalyse. Diese startet mit dem Lesen des Geschäftsberichts des Unternehmens. Hieraus lassen sich verschiedene Schlüsse ziehen, insbesondere, wie erfolgreich das Unternehmen im jeweiligen Jahr war, wie viele Geldmittel in die Zukunft investiert wurden und welche sozialen oder gesellschaftlichen Engagements das Unternehmen verfolgt (Stichwort: Corporate Social Responsibility). Der Geschäftsbericht muss immer unter dem Aspekt gelesen werden, dass dieser dem Unternehmen als Marketinginstrument dient. Es reicht daher, den Großteil des Berichts zu überfliegen, um die Tendenzen des Unternehmens zu kennen. Weitaus wichtiger sind folgende Inhalte, denen mehr Aufmerksamkeit gewidmet werden sollte:

- Bilanz
- Gewinn-und-Verlust-Rechnung
- Cashflow-Statement

Hierbei ist es von Vorteil, mehrjährige Darstellungen anzusehen. Dafür können Börsenportale genutzt werden, die diese Informationen zur Verfügung stellen.

Beim Lesen der Bilanz finden Sie Informationen über das Eigenkapital und das Fremdkapital des Unternehmens. Das Kapital wird vom Unternehmen für Investitionen verwendet sowie für Vorräte und Materialien. Bei der rechten Seite der Bilanz, der Passivseite, handelt es sich um die Aufkommensseite. Auf der linken Seite, der Aktivseite, finden sich hingegen die erhaltenen Mittel.

In Summe finden Sie in der Bilanz Informationen zur Wirtschaftlichkeit des Unternehmens. Wirtschaftlich erfolgreiche Unternehmen sind jene, die Gewinn erwirtschaften, diesen Gewinn Zahlungsmittelzuflüssen zuführen und somit das Eigenkapital steigern.

Es ist nicht notwendig, die gesamte Bilanz zu studieren und alle Zahlen interpretieren zu können. Um die Bilanz in ihrer Gesamtheit bewerten zu können, sind eine Handvoll Kennzahlen ausreichend:

- Anlagedeckung II
- Gesamtkapitalrentabilität
- Eigenkapitalquote
- Operative Marge
- Dynamischer Verschuldungsgrad
- Umsatz je Mitarbeiter
- EBITDA je Mitarbeiter
- Working Capital

Mit diesen Durchschnittswerten lässt sich eine richtungsweisende Bewertung im Hinblick auf folgende Punkte anstellen:

- Ist das Unternehmen gesund?
- Ist das Unternehmen noch gesund, hat jedoch strategische Schwächen?
- Hat das Unternehmen bereits mit Schwierigkeiten zu kämpfen?

Diese Punkte reichen nun nicht aus, alle Risiken zu erkennen, was für die Aktienanlage allerdings auch nicht notwendig ist. Wichtig ist es, anhand dieser Kennzahlen die wesentlichen Risiken abwägen zu können und somit mehr Risiken zu erkennen, als die meisten anderen Anleger wahrnehmen.

Die Kennzahlen lassen sich wie folgt berechnen und bewerten:

Anlagedeckung II	(Eigenkapital + langfristiges Fremdkapital) / Anlagevermögen	Diese Kennzahl sagt aus, wie viel vom Anlagevermögen des Unternehmens durch langfristig zur Verfügung stehendes Kapital gedeckt ist. Als Investor ist die Kennzahl interessant, um zu bewerten, ob das Vermögen, das dem Unternehmen langfristig dient, tatsächlich durch Mittel beglichen wurde, die dem Unternehmen langfristig zur Verfügung stehen. Sie ist somit ein Indiz für eine mögliche Insolvenz. Ist die Kennzahl kleiner als 1, ist Vorsicht geboten.
Gesamtkapitalrentabilität	(Jahresabschluss + Zinsaufwand) / Bilanzsumme	Die Regel zur Interpretation dieser Kennzahl ist, dass ein Unternehmen strategisch gesund ist, wenn die Gesamtkapitalrendite über dem Fremdkapitalzins liegt. Dies bedeutet, dass ein Unternehmen, dessen Gesamtkapitalrendite unter dem Fremdkapitalzins liegt, strategisch angeschlagen ist.
Eigenkapitalquote	Eigenkapital / Bilanzsumme x 100	Das Eigenkapital ist ein Indiz für die Kapitalausstattung des Unternehmens. Ein steigendes Eigenkapital ist positiv, ein fallendes muss kritisch hinterfragt werden. Die Höhe des Eigenkapitals spielt gerade bei Unternehmenskrisen eine wichtige Rolle. Hier wirkt das Eigenkapital wie ein Puffer.
Operative Marge	Operatives Ergebnis / Gesamtleistung	Das operative Ergebnis ist das Ergebnis vor Zinsen und Steuern (EBIT). Als Faustregel gilt, dass eine operative Marge von 12 Prozent gut ist, auch 8 Prozent sind meist noch in Ordnung. Niedrigere Werte müssen kritisch betrachtet werden.

Dynamischer Verschuldungsgrad	Cashflow / Fremdkapital	Der dynamische Verschuldungsgrad gibt Aufschluss über die finanzielle Gesundheit des Unternehmens. Er gibt die Schuldentilgungsdauer an, also die Zeit, in denen das Unternehmen in der Lage ist, alle Schulden zu tilgen. Bei der Interpretation ist Folgendes zu beachten: Der dynamische Verschuldungsgrad sollte zulassen, dass die Schulden getilgt sind, bevor das Anlagevermögen abgenutzt ist.
Umsatz je Mitarbeiter	Umsatz /Anzahl Mitarbeiter	Gibt es im Umsatz je Mitarbeiter über die Jahre gröbere Sprünge, ist davon auszugehen, dass das Unternehmen sein Geschäftsmodell geändert hat. Solche Änderungen sollten näher betrachtet werden.
EBITDA je Mitarbeiter	EBITDA / Anzahl Mitarbeiter	Auch hier ist die Entwicklung im Zeitverlauf interessant. So kann ein Bild der operativen Profitabilität des Unternehmens betrachtet werden. Steigt das operative Ergebnis je Mitarbeiter, bedeutet dies, dass das Unternehmen produktiver wird.
Working Capital	Umlaufvermögen	Das Working Capital ist das langfristig finanzierte Umlaufvermögen des Unternehmens. Gibt es kein langfristiges Umlaufvermögen, ist das Working Capital null. Dies gibt Aufschluss über die Liquidität des Unternehmens, denn ein Unternehmen, dessen Teil des Umlaufvermögens langfristig finanziert ist, ist liquider.

Die Tabelle unten zeigt einen hilfreichen Leitfaden zu den verschiedenen Kennzahlen, die bei der Anlageentscheidung relevant sind. Aktien oder Unternehmen, die interessant sind, können mithilfe dieses Leitfadens bewertet werden. Dieser Vorgang wird als Kennziffernanalyse bezeichnet. Der Leitfaden bildet die Grundlage der Analyse, danach müssen die Ergebnisse vergleichbar gemacht werden. Hierzu bietet sich die Verwendung einer Notenskala an. Die Verteilung der Noten kann – auf Basis der gewonnenen Informationen – intuitiv erfolgen. Je geübter dieses Verfahren angewandt wird, desto eher werden Sie im Laufe der Zeit ähnliche Sachverhalte ähnlich bewerten und so nach und nach und ganz automatisch finanzielles Wissen aufbauen.

Es ist sinnvoll, dieses Wissen laufend schriftlich zu notieren. So haben Sie automatisch einen Überblick über ihre Entscheidungen und Bewertungen, der Ihnen auch nach vielen Jahren noch hilft, ihre Vermögensstruktur zu bewerten.

Die nachfolgende Tabelle zeigt eine mögliche Bewertungsskala für ausgewählte Kennzahlen.

Kennzahl	Note	Kriterium
Anlagedeckung II	1	Über 180
	2	120-180
	3	100-120
	4	95-100
	5	90-95
	6	Unter 90
Gesamtkapitalrentabilität	1	Über 10
	2	8-10
	3	6-8
	4	3-6
	5	Bis 3
	6	Unter 0
Eigenkapitalquote	1	Über 70
	2	50-70
	3	30-50
	4	20-30
	5	10-20
	6	Unter 10
Working Capital	1	Über 50
	2	30-50
	3	20-30
	4	20
	5	Rückgang unter 10
	6	Rückgang über 10

Wenn Sie die Aktien nach dieser Ranking-Methode bewerten, ergibt sich im Ergebnis eine klare Entscheidungsgrundlage. Weiter beschäftigen sollten Sie sich nun mit Aktien, die Noten von 1 bis 2 aufweisen. Bei diesen Aktien sind keine strategischen Risiken erkennbar. Diese Aktien sind in der Regel aber auch teurer. Im Sinne einer umfassenden Diversifikation kann es auch sinnvoll sein, Aktien mit einem Rating von 3 bis 4 zu betrachten. Diese können günstiger erworben werden, sind mit mehr Risiken behaftet, haben jedoch auch die Möglichkeit zu einer Steigerung.

Die bisherigen Informationen zur Fundamentalanalyse fokussieren sich rein auf die unternehmerische Perspektive und stellen somit eine Unternehmensanalyse dar. Diese reicht im Wesentlichen aus, um die Wertigkeit von Aktien bestimmen zu können. Will man jedoch noch einen Schritt weitergehen und sich ein noch besseres Bild über die Aktien machen, gibt es zwei weitere Analyseschritte, die ebenfalls Teilbereich der Fundamentalanalyse sind: die Globalanalyse und die Branchenanalyse. Dabei handelt es sich um externe Einflussfaktoren auf den Aktienwert, während die Unternehmensanalyse die internen Einflussfaktoren betrachtet. Wendet man alle drei Analyseformen an, ist dies die wohl genaueste Möglichkeit, den Aktienwert bestimmbar zu machen. Dabei kann hinsichtlich der Vorgehensweise gewählt werden, ob zuerst die externen Faktoren und danach die internen betrachtet werden (Top-Down-Ansatz), oder ob mit den internen Faktoren begonnen wird (Bottom-Up-Ansatz). Da es kaum Aktien gibt, die sich dauerhaft entgegengesetzt dem Gesamtmarkt entwickeln, ist es nach dem Top-Down-Ansatz sinnvoll, die externen Faktoren genauer zu betrachten. Geht man hingegen nach dem Bottom-Up-Ansatz vor, werden die internen Faktoren mit anderen Unternehmen derselben Branche verglichen, um aus diesem Vergleich Rückschlüsse auf den Gesamtmarkt abzuleiten.

Bei der Analyse der externen Faktoren geht man wie folgt vor:

Globalanalyse: Die Globalanalyse betrachtet Faktoren wie Konjunktur, Zinsen, Währungen, Liquidität und Preise. Mithilfe dieser Daten wird versucht, eine Aussage darüber zu treffen, wie sich die gesamtwirtschaftliche Situation darstellt und entwickeln wird. Hierzu ist anzumerken, dass eine präzise durchgeführte Globalanalyse äußerst umfangreich und aufwendig ist, sodass sie von Privatanlegern kaum durchgeführt werden kann. Allerdings führen Banken oder institutionelle Anleger solche Analysen durch, sodass Sie auf deren Daten zurückgreifen können.

Branchenanalyse: Die Branchenanalyse betrachtet Faktoren wie Auftragseingänge, Branchenklima, Lagerbestände, Markteintrittsbarrieren oder den Branchenzyklus. Ziel der Branchenanalyse ist es, jene Branchen herauszufiltern, die künftig attraktiv erscheinen und ein hohes Gewinnpotenzial bieten. Um dies bewerten zu können, müssen die fünf Wettbewerbskräfte Einfluss der Lieferanten, Einfluss der Abnehmer, potenzielle neue

Wettbewerber, Substitutionsmöglichkeiten und Wettbewerbsverhalten der Unternehmen analysiert werden. Hierbei ist zu berücksichtigen, dass sich nicht alle Branchen gleichförmig entwickeln und es Branchen gibt, die von einem wirtschaftlichen Auf- oder Abschwung weniger stark betroffen sind als andere. Zudem müssen auch staatliche Regulierungsvorhaben in bestimmten Branchen berücksichtigt werden.

Technische Analyse

Die technische Analyse ist die zweite Analysemethode für Aktien. Im Gegensatz zur Fundamentalanalyse, die Daten aus der Wirtschaft, der Branchen und der Unternehmen analysiert, versucht die technische Analyse, aus Vergangenheitsdaten künftige Kurse abzuleiten. Die Grundannahme hierfür ist, dass alle Faktoren, die den Preis beeinflussen können, bereits im Preis enthalten sind. Daher reicht es aus, den Preisverlauf zu analysieren, da davon auszugehen ist, dass die Geschichte sich laufend wiederholen wird. Das Ziel hierbei ist es, Aktienverlaufsmuster der Vergangenheit zu erkennen und darauf aufbauend Entscheidungen zu treffen.

Grundlage der technischen Analyse sind Charts. Dabei handelt es sich um grafische Darstellungen vergangener Kursdaten. Der Zeitraum solcher Charts ist unterschiedlich und kann von nur einem Tag bis zu mehreren Jahren umfassen. Die Kursverläufe der Aktien werden entweder in der Regel mit Linien oder mit Balken dargestellt. Diese müssen mit verschiedenen Instrumenten analysiert werden. Gängige Instrumente sind die folgenden:

- **Dow-Theorie:** Die Dow-Theorie, die von den Entwicklern des Dow-Jones-Indexes erarbeitet wurde, stellt die Grundlage für die technische Analyse bereitet. Bei der Dow-Theorie wird zwischen verschiedenen Trends unterschieden. Ein Primärtrend hält ein Jahr oder länger, ein Sekundärtrend hält drei Wochen bis ein Jahr, ein Tertiärtrend ist kurzfristiger. Hinzu kommt der Basistrend, der das langfristige Wachstum eines Kurses über mindestens 50 Jahre angibt. Dieser überlagert die anderen drei Trends. Das Ziel dieser Trendanalyse ist es, eine Trendumkehr rechtzeitig zu erkennen und darauf basierend eine Kauf- oder Verkaufsentscheidung zu treffen. Hierzu gibt es folgende Orientierungsmöglichkeit: Ein Aufwärtstrend liegt vor, wenn ein neues Kurs-Hoch über dem vorherigen Kurs-Hoch und ein neues Kurs-Tief über dem vorherigen Kurs-Tief liegt. Ein Abwärtstrend kündigt sich gegenläufig an.

- **Trendlinien:** Trendlinien bzw. Trendkanäle sind geeignet, um den aktuellen Trend eines Kursverlaufs darzustellen. Trendlinien zeigen einen Aufwärtstrend an, indem ein Tiefpunkt mit einem höher liegenden Tiefpunkt verbunden wird. Bei einem Abwärtstrend werden hingegen zwei Hochpunkte verbunden. Wenn die Kursbewegungen nach unten und oben einen ähnlichen Ausschlag aufweisen, entsteht eine Parallele, die als Trendkanal bezeichnet wird. In diesem Trendkanal zeigen sich die optimalen Handlungszeitpunkte. Es sollte somit dann gekauft werden, wenn sich der Kurs am unteren Ende eines Trendkanals befindet, und verkauft werden, wenn das obere Ende erreicht wurde. Beim Überschreiten einer Trendlinie kann von einem weiteren Kursanstieg ausgegangen werden, bei einem Unterschreiten von einem weiteren Kursabfall.

- **Unterstützungs- und Widerstandslinien:** Diese Instrumente dienen als Ergänzung zu den vorab beschriebenen Trendlinien und Trendkanälen. Ergänzend zu den Kursbewegungen, die durch die Trendlinien angezeigt werden, geben Unterstützungs- und Widerstandslinien Informationen über das zu erwartende Ausmaß der Bewegung. Die Unterstützungslinie ist ersichtlich, wenn in einer Abwärtsbewegung ein bestimmtes Kursniveau offenbar nicht durchbrochen werden kann. Von einer Widerstandslinie wird gesprochen, wenn in einem Aufwärtstrend ein Kursverlauf nach oben laufend gebremst wird. Für beide Phänomene sind psychologische Gründe verantwortlich. Dies kann mit folgendem Beispiel erläutert werden: Wenn eine Aktie im Wert steigt und somit ein Aufwärtstrend vorliegt, versuchen Investoren, die nächste Abwärtsbewegung zum Kauf zu nutzen. Sie treffen hierzu eine psychologische Entscheidung und orientieren sich am letzten Tief des Aktienkurses. Die Entscheidung wird etwas oberhalb dieses Tiefs getroffen, sodass das

Kurslimit damit immer höher gesetzt wird. So wird die Bewegung gebremst.

- **Gleitende Durchschnitte:** Die gleitenden Durchschnitte werden verwendet, um Trendlinien zu bestätigen oder um zwischen zufälligen Schwankungen und wahren Trends zu unterscheiden. Gleitende Durchschnitte sind einfach zu handhaben und können mithilfe einer Börsensoftware erstellt werden. Hier können gleitende Durchschnitte für beispielsweise 200, 100 oder 38 Tage angezeigt werden. Langfristige Gleitlinien weisen weniger Schwankungen auf als kurzfristige, weil sie durch den längeren Zeitabschnitt geglättet werden. In einem Aufwärtstrend liegt die gleitende Durchschnittslinie unterhalb der Kurslinie, in einem Abwärtstrend liegt sie darüber. Daraus lassen sich folgende Hinweise zur Entscheidungsfindung ableiten: Wird die Kurslinie von oben durchbrochen, sollte die Aktie gekauft werden. Wird die Kurslinie von unten durchbrochen, sollte verkauft werden.

Hinsichtlich der Frage, ob die Fundamentalanalyse besser ist als die technische Analyse bzw. Chartanalyse, wird in der Praxis ein heftiger Diskurs geführt. Viele Publikationen führen Argumente für oder gegen die eine oder die andere Methode an, um im Ergebnis ein absolut erscheinendes Urteil über eine der beiden Methoden abzugeben. Gegen die Chartanalyse spricht, dass sie Preisbewegungen voraussagen möchte, ohne sich für die den Preisen zugrunde liegenden Prozesse zu interessieren. Gegen die Fundamentalanalyse spricht hingegen, dass

Kausalketten oft zu spät präsentiert werden können. Zudem können damit zwar vergangene Preisbewegungen exakt erklärt werden, nicht aber künftige. Beide Argumente sind richtig, dennoch sind die Methoden geeignet, Trends erkennen zu lernen und darauf basierend hinreichend fundierte Entscheidungen zu treffen. Es macht daher Sinn, sich mit beiden Methoden auseinanderzusetzen.

Zugleich sollten auch ausreichend Kenntnisse über die wichtigsten Indikatoren erworben werden. Für Sie als Anleger ist es zwar wertvoll zu wissen, wie der Kursverlauf in der Vergangenheit war, aber umso interessanter, wie er zukünftig sein wird. Hierfür wurden in der Geschichte des Börsenhandels brauchbare Indikatoren entwickelt: die Trendfolger und die Oszillatoren. Mit Trendfolgern kann herausgefunden werden, ob ein Trend fortgesetzt werden wird oder ob mit einem Trendwechsel gerechnet werden muss. Oszillatoren zeigen hingegen Über- oder Untertreibungen von Kursen auf, sodass Schwankungen bewertet werden können. Besonders interessant sind folgende Indikatoren:

- **Moving Average Convergence Divergence:** Wird bei einem Linienchart ein gleitender Durchschnitt eingefügt, können Trendrichtungen leichter erkannt werden. Interessant ist hierbei jedoch auch ein möglicher Trendwechsel oder die Stärke des Trends. Hierfür kann ein zweiter gleitender Durchschnitt eingefügt werden. So kann ein Vergleich angestellt werden, durch den die Signale des Charts plausibler werden. Dies ist eine geeignete Methode, um festzustellen, ob ein Trend intakt ist oder ob er wechselt. Reagieren die gleitenden Durchschnitte jedoch träge, laufen Sie Gefahr, Trendwechsel zu spät zu erkennen. Hier kann das Instrument der Moving Average Convergence Divergence hilfreich sein. Mit diesem Instrument werden wesentlich kürzere Betrachtungszeiträume für den gleitenden Durchschnitt gewählt: 26 und 12 Handelstage. Diese werden exponentiell gewichtet. Damit kann erreicht werden, dass die aktuelleren Kurse stärker gewichtet werden als die älteren. Zudem wird die Differenz aus den Durchschnittswerten der letzten 12 und der letzten 26 Tage gebildet. Ist diese Differenz positiv, liegt die 12-Tage-Linie über der 26-Tage-Linie. Ist der Wert der Durchschnittslinie negativ, kann dies auf einen Abwärtstrend hindeuten. Beim Kreuzen der Nulllinie lässt sich ein Trendwechsel vermuten.

- **Relative Stärke Index:** Bei diesem Instrument handelt es sich um einen Oszillator. Es soll dabei helfen, anzuzeigen, wann mit einer Rückkehr der Preisbewegung hin zum Trend gerechnet werden kann. Der Index kann einen Wert zwischen 0 und 100 haben. Ein Wert von 0 bedeutet, dass das Wertpapier stark überverkauft ist, ein Wert von 100, dass das Wertpapier stark überkauft ist. Der Index wird in drei Schritten berechnet. Im ersten Schritt werden alle Aufwärtsbewegungen eines Beobachtungszeitraums addiert. Im zweiten Schritt werden die Abwärtsbewegungen der letzten 14 Handelstage addiert. Daraus wird in einem dritten Schritt der Index berechnet, indem der Durchschnitt der Aufwärtsdifferenzen durch die Summe aus dem Durchschnitt der Aufwärtsdifferenzen und dem Durchschnitt der Beträge der Abwärtsdifferenzen geteilt wird. Das Ergebnis ist, wie eingangs beschrieben, ein Wert zwischen 0 und 100, wobei es sich hier um Extremwerte handelt. Richtwerte sind 0 bis 30, in diesem Fall ist das Wertpapier überverkauft; bei 70 und größer ist das Wertpapier überkauft.

Nach Lektüre dieses Kapitels kennen Sie nun alle gängigen Methoden, um die Aktienanlage strategisch zu planen und die richtigen Anlageentscheidungen zu treffen. Welche Methoden und Schritte Sie anwenden, hängt davon ab, wie intensiv Sie sich mit dem Thema beschäftigen und auseinandersetzen wollen. Um eine zielführende Aktienanalyse durchzuführen, reichen zusammenfassend folgende Schritte aus:

- Jahresabschlussanalyse
- Kurswertanalyse
- Chartanalyse

Es reicht daher aus, (1) sich ein ausreichend umfassendes Bild vom Unternehmen zu machen, (2) die Höhe des Aktienkurses bestimmen und einordnen zu können und (3) die Bewegungen und Dynamiken am Aktienmarkt richtig bewerten zu können.

Aktienfonds

Als letzter Punkt des Kapitels zum Thema Aktien muss gesondert auf Aktienfonds eingegangen werden. Wie eingangs beschrieben, kann es vorteilhaft sein, in Aktienfonds zu investieren, da sie einige Vorteile im Vergleich zur Investition in Einzelaktien haben. Die Performance von Aktienfonds kann ausgezeichnet sein, zudem können gewisse Stimmrechte ausgeübt werden. Wenn Sie sich entscheiden, in Aktienfonds zu investieren, so können Sie zwischen zwei Arten von Fonds auswählen: aktive Fonds und passive Fonds.

Aktive Aktienfonds werden als aktiv bezeichnet, weil es Fondsmanager gibt, die aktiv darüber entscheiden, welche Aktien im Fonds enthalten sind. In aktiven Aktienfonds wird durch das Fondsmanagement über die Zusammensetzung des Fonds entschieden, diese kann bei Bedarf durch Zu- u und Verkäufe laufend angepasst werden. Dadurch ist es möglich, stets die besten Unternehmen zu identifizieren und Marktbewegungen zu beobachten.

Bei passiven Aktienfonds gibt es kein aktives Fondsmanagement. Passive Aktienfonds folgen vorgegebenen Regeln und hinterfragen diese nicht. Bei diesen Regeln handelt es sich um Indizes, daher werden passive Fonds auch als Indexfonds bezeichnet. Ein solcher Index ist etwa der DAX. Dieser definiert die 30 größten deutschen börsennotierten Unternehmen. Es wird somit nicht vorgegeben, welche konkreten

Unternehmen im Index und demnach auch im Aktienfonds enthalten sein sollen. Vielmehr geben die Regeln des Index vor, welche Unternehmen enthalten sind. Dies sind im Falle des DAX stets die 30 größten deutschen börsennotierten Unternehmen, die sich daher auch ändern können. Ein Indexfonds bildet demnach den Durchschnitt ab, es findet keine Auswahl bestimmter Unternehmen statt. Steigt der DAX beispielsweise um sechs Prozent, steigt auch der Indexfonds, der sich auf den DAX bezieht, um sechs Prozent.

Welcher Fonds ist nun die bessere Wahl?

Intuitiv werden Sie davon ausgehen, dass der aktive Fonds die bessere Wahl ist, weil hier ein fähiges Fondsmanagement damit beauftragt wird, die Profitabilität des Fonds zu maximieren. Aktive Fonds sind oft mit einem hervorragenden Marketing verbunden, dabei darf jedoch nicht vergessen werden, dass nicht alle aktiven Fonds gleich gut performen und es für jeden Fonds, der über dem Marktdurchschnitt liegt, auch einen geben muss, der darunter liegt. Im Fondsmanagement handeln des Weiteren Menschen, sodass hierbei Fehlentscheidungen möglich sind, sei es aus Gier oder aus Angst. Hinzu kommt ein weiteres Problem: Fondsmanager sind in der Regel auf einen bestimmten Markt spezialisiert und demnach auch fixiert. Ein Fondsmanager, der auf den deutschen Markt spezialisiert ist, übersieht leicht die Entwicklungen in anderen Regionen. Das ist ein Problem, da der Finanzmarkt grenzübergreifend agiert und Krisen und Dynamiken schnell übergreifen können. Aus der

Statistik ergibt sich, dass es nur ein kleiner Prozentsatz an Fondsmanagern schafft, kontinuierlich und langfristig besser als der Durchschnitt zu sein. Da die Anlage in Aktien jedoch eine langfristige Geldanlage ist, kommt es gerade auf diese langfristige Performance an. Im Vergleich schneiden passive Fonds auf lange Sicht oftmals besser ab als aktive. Ein weiterer Nachteil sind die Kosten: Aktive Fonds verursachen in der Regel höhere Kosten, weil das Fondsmanagement und alle Berater oder Dienstleister bezahlt werden müssen. Diese Kosten schmälern den Gewinn der Investoren. Das ist kein rein theoretischer Hinweis, sondern lässt sich mit harten Fakten belegen:

Beispiel: Studien zeigen, dass die laufenden Kosten bei aktiven Fonds bei rund 1,5 Prozent pro Jahr liegen. Diese Kosten haben Einfluss auf die Rendite. Geht man von einer durchschnittlichen Rendite von 7 Prozent aus, muss hier in einem ersten Schritt die Inflation von ca. 2 Prozent abgezogen werden. Der Fonds bringt nun also 5 Prozent pro Jahr. Zieht man nun noch die Kosten eines aktiven Fonds in Höhe von 1,5 Prozent ab, liegt die Rendite nur noch bei 3,5 Prozent. Die Kosten eines passiven Fonds liegen bei durchschnittlich 0,4 Prozent, die Rendite nach Abzug der Kosten und der Inflation liegt hiermit also bei 4,6 Prozent. Dies ist ein kleiner Unterschied in den Prozentsätzen, der sich gerade bei langfristigen Investitionen stark summiert.

ETFs

ETFs sind eine besondere Form der Indexfonds, die versuchen, einen vorgegebenen Indexfonds so genau wie möglich nachzuzeichnen. Die Besonderheit hierbei ist, dass ETFs genau wie Aktien jederzeit an der Börse gekauft und verkauft werden können, sodass Sie als Anleger die volle Entscheidungsmacht und Flexibilität haben.

In Deutschland gibt es ETFs seit dem Jahr 2000, in den USA haben diese sich bereits in den 1970er-Jahren etabliert. Insbesondere durch die Finanzkrise haben ETFs an Beliebtheit gewonnen, da es in der Finanzkrise kaum einem aktiv verwaltetem Fonds gelungen ist, die Krise oder den Aufschwung danach vorherzusehen. Dies hat das Vertrauen in die Finanzbranche und in das Fondsmanagement erheblich erschüttert. Dieser Vertrauensverlust führte dazu, dass viele private Anleger Alternativen zur Geldanlage gesucht haben.

ETFs sind keine aktiven Fonds, sondern handeln wie passive Fonds: Die Regeln werden einmal festgelegt und bleiben unverändert. Daraus ergeben sich zahlreiche Vorteile:

- **ETFs sind breit aufgestellt.** Es gibt ETFs, die am globalen Aktienmarkt investieren und gleichzeitig Aktien von mehreren Tausend Unternehmen halten. So kann ein Maximum an Diversifikation erreicht werden. Das streut das Anlegerrisiko. Für den Anleger ist es hierbei nahezu unerheblich, ob von den Tausenden Unternehmen einige Insolvenz anmelden müssen.

- **ETFs sind kostengünstig.** Es ist möglich, mit geringen Anlagebeträgen einzusteigen, teilweise bereits ab 25 Euro. Auch die laufenden Kosten sind niedriger als bei aktiv verwalteten Fonds, sodass am Ende mehr Rendite übrig bleibt.
- **ETFs erzielen gute Renditen.** Das liegt daran, dass sie sich nicht auf eine Handvoll Unternehmen konzentrieren, sondern sich mit dem Marktdurchschnitt zufriedengeben. Dies führt zu einem langfristig positiven Renditeverlauf, der oftmals über jenem eines aktiven Fonds liegt.
- **ETFs sind liquide.** Sie können wie Aktien jederzeit an der Börse gekauft und verkauft werden.
- **ETFs sind transparent.** Da sie einen Index nachbilden und die Definition dieses Index bekannt ist, können Anleger sie jederzeit einsehen. Auch die Zusammensetzung des ETFs ist jederzeit ersichtlich.

Da ETFs so beliebt sind, ist die Menge an Informationen über sie und die Menge an verfügbaren Fonds fast unüberschaubar. Daher müssen Sie ETFs nach bestimmten Entscheidungskriterien auswählen. Es ist sinnvoll, zuerst den ETF auszuwählen und danach das Depot, da nicht jedes Depot jeden ETF im Angebot hat.

Kriterium 1: Risiko vs. Rendite

Wie auch bei der Anlage in Aktien ist es bei ETFs wichtig, welche Rendite sie versprechen und welchem Risiko diese Rendite gegenübersteht. Ein höheres Risiko bringt auch eine höhere Rendite. Es ist daher sinnvoll, Ihre eigene Risikoeinstellung besser kennenzulernen. Diese definiert sich durch zwei Eigenschaften:

- **Risikobereitschaft:** Die Risikobereitschaft ist die persönliche Bereitschaft und mentale Kompetenz, Schwankungen an der Börse auszuhalten. Sie ist daher das Äquivalent zu emotionalen Anlageentscheidungen. Wenn Sie dazu neigen, bei starken Kurseinbrüchen mit Panik zu reagieren, ist Ihre Risikobereitschaft gering.

- **Risikotragfähigkeit:** Die Tragfähigkeit bezieht sich auf Ihre persönliche finanzielle Lage. Je mehr andere Vermögenswerte Sie besitzen, desto ruhiger können Sie Kursschwankungen begegnen.

- **Weitere Aspekte:** Es gibt drei weitere Kriterien, die ihre Risikoeinstellung definieren. Diese sind die persönliche Einkommenssituation, das Vorhandensein eines Notgroschens und die Altersvorsorge. Wenn alle drei Aspekte mit ausreichender Sicherheit gegeben sind, kann die Risikobereitschaft umso höher ausfallen und ist die Risikotragfähigkeit ebenfalls höher.

Je höher beide Risikoeigenschaften sind, umso höher kann der Anteil an risikoreicheren Anlagen, etwa Aktien, im Portfolio sein. Hier ist folgende Faustregel für ETF-Zusammenstellungen zu beachten:

- Aktien gelten als riskant, versprechen aber auch mehr Rendite.
- Anleihen gelten als weniger riskant, versprechen zugleich aber Stabilität.

Der Anteil an Aktien kann umso höher sein, je höher Risikobereitschaft und Risikotragfähigkeit sind und je langfristiger die Geldanlage geplant ist.

Auch das Lebensalter spielt bei der Abwägung Risiko vs. Rendite eine wichtige Rolle. Wird die private Geldanlage als Teil der persönlichen Altersvorsorge betrachtet, gibt es folgende Faustregel:

- Der risikoreiche Anteil der Anlagen kann höher sein, je jünger Sie sind.
- 100 minus Ihr Lebensalter ergibt jenen Anteil, den Sie in risikoreiche Anlagen investieren können.
- Bei einem Alter von 40 Jahren kann der Anteil risikoreicher Anlagen also 60 Prozent betragen, daher:
    - 60 Prozent risikoreiche Anlagen (Aktien)
    - 40 Prozent risikoarme Anlagen (Anleihen, Festgeldkonto, Tageskonto)

Kriterium 2: Der richtige Index

Nachdem Sie Ihre persönliche Situation abgesteckt haben, sollten Sie die Wahl für den Index treffen. Dieser kann nach Region oder Land ausgewählt werden und etwa die größten Unternehmen in allen Industriestaaten umfassen. Es ist auch möglich, in Schwellenländer zu investieren oder in einzelne Länder.

Im Sinne einer möglichst guten Diversifikation ist es sinnvoll, einen möglichst breit aufgestellten Index auszuwählen. Kommt es auf dem globalen Markt zu regionalen Krisen, ist ein solcher Index weniger stark betroffen.

Hier muss darauf geachtet werden, sich nicht von den Bezeichnungen der Indizes leiten zu lassen. Ein Index, der die Bezeichnung „World“ enthält, muss noch lange nicht bedeuten, dass dieser auch die gesamte Welt abdeckt. In der Regel sind die USA überdurchschnittlich vertreten. Das liegt daran, dass die Fonds der größten Unternehmen sich dort befinden. Der Name des ETF gibt also nur eine Orientierung und bewahrt Sie nicht davor, sich eingehender mit dem ETF zu beschäftigen.

Neben der Region kann auch die Branche ausgewählt werden. Auch hier ist es sinnvoll, auf Diversifikation zu setzen.

Kriterium 3: Dividenden

Dividenden sind jener Anteil, den Unternehmen als Gewinn an ihre Aktionäre ausschütten. Als Anleger in einen ETF erhalten auch Sie eine Dividende. Dividenden werden nicht immer ausgeschüttet, sondern teilweise auch wieder angelegt. Dies ist das nächste Entscheidungskriterium:

- **Ausschüttende Fonds:** Diese Art von Fonds sammeln die Dividenden, die Unternehmen ausschütten, und geben sie an die Anleger weiter. Die Dividende wird je nach Fonds einmal jährlich bis zu monatlich ausgeschüttet. Diese Art Fonds ist dann sinnvoll, wenn die Geldanlage als Zusatzeinkommen angesehen wird.
- **Thesaurierend:** Bei dieser Art von Fonds wird die Dividende reinvestiert und nicht ausgeschüttet. Dadurch wächst das angelegte Geld schneller und exponentiell. Diese Fonds sind sinnvoll, wenn die Geldanlage als Altersvorsorge angesehen wird.

Kriterium 4: Kosten

Wir vorab beschrieben, verursachen verschiedene Fonds unterschiedliche Kosten. Wir haben bereits den Unterschied zwischen aktiven Fonds und passiven Fonds kennengelernt, doch auch innerhalb derselben Fondskategorie bestehen Unterschiede.

ETFs haben verschiedene Anbieter, nutzen unterschiedliche Ausschüttungsmethoden und sind entweder jünger oder älter. All dies hat Auswirkungen auf die Preise. Zwar sind ETFs deutlich günstiger als aktive Fonds, doch auch sie verursachen Kosten.

Diese können Sie mithilfe einer Kennzahl abschätzen, der Gesamtkostenquote (Total Expense Ratio). Diese Kennzahl beschreibt die Kosten für das Fondsmanagement, für die Geschäftsführung und für das Bereitstellen der Technik. Auch hierzu gibt es eine Faustregel:

- Die Gesamtkostenquote eines ETFs sollte nicht höher als 0,7 Prozent sein.
- Je standardisierter ein ETF ist, desto niedriger sollte die Quote sein.

Kriterium 5: Größe

Ein ETF sammelt Geld von vielen Anlegern und investiert dieses Kapitel gesammelt. Je mehr Anleger investieren, desto höher ist das Volumen des Fonds. Das ist ein großer Vorteil gegenüber kleinen Fonds. Ein weiterer Vorteil ist, dass bei kleinen Fonds die Gefahr besteht, dass diese für die Fondsgesellschaft zu teuer werden, weil zu wenig Kapitalvolumen vorhanden ist und diese den kleinen Fonds schließen muss. Das ist grundsätzlich unproblematisch, da das investierte Geld nicht im Fonds, sondern in den Unternehmen steckt. Wird der Fonds geschlossen, hat das also keinen Einfluss auf Ihr Vermögen. Dennoch ist es dann notwendig, das Geld in einen neuen Fonds zu investieren, das ist mit neuem Aufwand verbunden.

Die Faustregel lautet daher:

- Nur in ETFs investieren, die ein Volumen von mindestens 100 Millionen Euro aufweisen.

Kriterium 6: Alter

Das Alter des Fonds ist ein wichtiges Kriterium, weil es auf die Stabilität des Fonds Aufschluss gibt. Die Faustregel lautet:

- Ein ETF sollte mindestens vier Jahre alt sein.

Kriterium 7: Der Index

Ein Index gibt vor, welche Unternehmen in einem ETF vorhanden sein sollen. Er ist also das Drehbuch oder die Spielregel des Fonds. Hier gibt es verschiedene Arten, wie ein ETF in Unternehmen investiert:

- **Physische Nachbildung:** Ein physisch nachgebildeter ETF kauft Aktien jener Unternehmen, die durch den Index vorgegeben werden. Der Index gibt zugleich eine Gewichtung vor.
- **Optimierte Nachbildung:** Diese Methode wird bei sehr großen Indizes genutzt. Es wird eine Stichprobe entnommen, die physisch nachgebildet wird. Diese Stichprobe wird optimiert, sodass die Kursverläufe ausgewählter Aktien dem Verlauf des gesamten Index fast vollständig entsprechen.
- **Synthetische Nachbildung:** Bei einer synthetischen Nachbildung werden die Aktien im Gegensatz zu den anderen beiden Methoden nicht tatsächlich gekauft. Stattdessen werden andere Aktien gekauft, deren Kurse sich ähnlich entwickeln. Diese Aktien werden

mit einem anderen Finanzinstitut getauscht. Der Tauschpartner verpflichtet sich, dem ETF bei diesem Tausch dieselbe Rendite zu geben wie der Index. Bei dieser Methode ist es möglich, den Index besonders genau nachzubilden. Allerdings besteht die Gefahr, dass der Tauschpartner die Rendite nicht tatsächlich leisten kann. Zudem verringert sich hierbei die Transparenz des ETF.

Kriterium 8: Nachhaltigkeit

In den letzten Jahren ist das Kriterium der Nachhaltigkeit immer wichtiger geworden. Die Nachfrage an Anlageoptionen, die nachhaltig sind, ist stetig gestiegen. Zudem entstehen laufend neue Möglichkeiten zur nachhaltigen Geldanlage.

Nachhaltigkeit hört sich auf den ersten Blick sehr positiv an, doch die Schwierigkeit liegt im Detail:

Das größte Problem der nachhaltigen Geldanlage ist die fehlende Definition des Begriffs Nachhaltigkeit. Daraus folgt, dass Fonds unterschiedlichste Kriterien verwenden, die die Nachhaltigkeit in den Vordergrund rücken sollen, etwa Umwelt, Soziales, Unternehmensführung (sogenannte „ESG-Kriterien“). Es gibt aber noch weitere Nachhaltigkeitskriterien, etwa jene des Socially Responsible Investments. Hierbei geht es um gesellschaftliche Verantwortung in der Geldanlage.

Weil die Kriterien aber unterschiedlich sind und eine allgemeingültige Definition nicht vorhanden ist, ist es umso wichtiger, auf die Zusammensetzung des Fonds zu achten. Nachhaltigkeit wird – aus gutem Grund – als populäres Thema oft zu Marketingzwecken missbraucht. Da es hierfür keine Vorgaben gibt, liegt es in der Verantwortung der Anleger, die richtige Auswahl zu treffen. Um hier richtig vorzugehen, gibt es folgende Entscheidungsmodelle:

- **Nach Ausschlusskriterien:** Diese werden in Fonds gewählt, um bestimmte Unternehmen auszuschließen, weil sie etwa Produkte herstellen, die die Nachhaltigkeitskriterien nicht erfüllen. Typischerweise betreffen die Ausschlusskriterien Unternehmen aus der Tabak-, Rüstungs- und Pornografiebranche.
- **Nach Best-in-Class:** Hierbei wird in Unternehmen investiert, die in Nachhaltigkeitsthemen führend sind.
- **Impact Investing:** Hier wird in Unternehmen investiert, die das Ziel verfolgen, neben dem finanziellen Erfolg auch sozial und ökologisch zu wirken. Es geht um Unternehmen, die aktiv Gutes tun.

Die genannten Kriterien sind nicht nur theoretischer Natur, sondern dienen auch als Filteroptionen. Auf Vergleichsportalen können diese Filter in eine Suchmaske eingegeben werden, um die für Sie passenden ETFs anzuzeigen. Die angezeigten ETFs verfügen neben ihrer Bezeichnung auch über eine eindeutig zuordenbare internationale Wertpapiernummer. Diese ist notwendig, um in Ihrem Depot den ETF Ihrer Wahl finden zu können. Jeder ETF verfügt zudem über ein kurzes Factsheet, das einen Überblick über alle wesentlichen Informationen enthält.

Produktarten

Wenn Sie sich näher mit ETFs auseinandersetzen wollen, ist es sinnvoll, tiefer in die Materie einzutauchen und sich mit den verschiedenen ETF-Produktarten auseinanderzusetzen. Oben haben Sie bereits die allgemeinen Entscheidungskriterien kennengelernt, nachfolgend finden Sie Informationen über die wichtigsten ETF-Arten.

Wie zuvor beschrieben, sind ETFs beliebte, transparente und vor allem liquide Anlageformen. Das bedeutet, dass es mit ETFs möglich ist, in die wichtigsten Vermögensklassen zu investieren. Doch nicht nur bewährte Vermögensklassen sind wählbar, sondern auch innovative Strategie-ETFs. Im Detail:

- **Aktien-ETFs:** Wie der Name vermuten lässt, investierten diese ETFs in Aktien. Das Problem hierbei ist, dass die drei großen Aktienmärkte USA, Europa und Asien seit knapp zwei Jahrzehnten nahezu ähnliche Konjunkturphasen verzeichnen und eine starke Korrelation der wichtigsten Aktienindizes vorliegt. Angesichts dessen ist es kaum möglich, eine Diversifikation und damit eine Risikostreuung mit Aktien-ETFs zu erreichen. Dennoch sind Aktien-

ETFs als Ergänzung zu den übrigen Vermögensklassen nach wie vor wichtig.

- **Anleihen-ETFs:** Mit ETFs kann auch in Anleihen investiert werden. Da ETFs mit der Zeit immer beliebter wurden, lag es nahe, nicht nur Aktien damit abzudecken, sondern auch solche Fonds zu ermöglichen, die die Entwicklung der Rentenmärkte nachvollziehen können. Der erste börsengehandelte Rentenfonds kam 2003 auf den Markt. Es handelte sich um einen Fonds der Deutschen Börse Group, der der weltweit erste Index für festverzinsliche Anleihen war, die auf tatsächlich handelbaren und öffentlich zugänglichen Preisen basierte. Der Fonds enthält die 25 liquidesten deutschen Staatsanleihen mit einer Restlaufzeit zwischen 1,5 und 10,5 Jahren. Mittlerweile gibt es zahlreiche weitere Anleihen-ETFs am Markt, insbesondere aus Europa und den USA.

- **Geldmarkt-ETFs:** Seit dem Ausbruch der globalen Wirtschaftskrise wurden Flexibilität und die Möglichkeit, rasch auf Bewegungen am Geldmarkt reagieren zu können, immer wichtiger. Deswegen wurden immer mehr Renten- und Geldmarktindizes in Europa gegründet. Das in Geldmarkt-ETFs verwaltete Vermögen stieg innerhalb weniger Jahre exponentiell an. Der größte europäische Geldmarkt-ETF ist der EONIA Total Return Index, der den Durchschnitt der Zinssätze angibt, zu dem sich die Banken in der Eurozone über Nacht Geld leihen. Bei Geldmarkt-Fonds fällt durchschnittlich eine jährliche Managementgebühr von 0,10 bis 0,17 Prozent an. Sie gelten als sinnvolle Alternative gegenüber Tagesgeldkonten von Banken und versprechen hohe Transparenz, jederzeitige Handelbarkeit und ein Maximum an Flexibilität, da keinerlei Anlagebegrenzungen vorliegen. Zudem gibt es einen täglich angepassten Zinssatz. Ein weiterer Vorteil ist, dass der Anleger zwischen verschiedenen Währungen (Euro, US-Dollar, Pfund) wählen kann. Hierbei ist aber das Währungsrisiko zu beachten.

- **Rohstoff-ETFs:** Mit Rohstoff-ETFs können sich Anleger an der Entwicklung von Rohstoffen beteiligen. Eine solche Anlagestrategie eignet sich besonders gut zur Risikodiversifizierung eines Portfolios. Das liegt daran, dass sich Rohstoffe anders entwickeln als Aktien- oder Rentenmärkte. Zwar kommt es zu einer zunehmenden Korrelation zwischen Rohstoff- und Aktienmärkten, doch die Abhängigkeit des einen vom anderen Markt ist vergleichsweise gering. Studien zeigen, dass eine Beimischung von Rohstoff-Investitionen von etwa 10 Prozent die Volatilität eines Aktien-Portfolios um rund einen Prozentpunkt senken kann. Rohstoffe sind daher in jedem Fall eine sinnvolle Depotergänzung und dienen außerdem der Inflationsabsicherung. Rohstoff-ETFs enthalten in der Regel zwischen 15 und 35 verschiedene Rohstoffe, die nach festgelegten Kriterien gewichtet werden. Ein Blick auf die Gewichtung von Brennstoffen, Edelmetallen und Industriemetallen sowie Agrarerzeugnissen ist hier angeraten, da diese

Zusammensetzung von erheblicher Bedeutung für die Entwicklung des Fonds ist.

- **Strategie-ETFs:** Auf den Aktienmärkten haben sich in den letzten Jahren spezielle Strategie-ETFs herausgebildet. Diese lassen sich in verschiedene Kategorien unterteilen:

    - **Short-ETFs:** Hierbei handelt sich um Länder-, Sektoren- oder regionale Fonds. Bei Short-ETFs wird kein Aktienportfolio erworben, stattdessen nimmt der ETF Leerverkäufe vor. Es werden also Aktien verkauft, die der ETF nicht besitzt. Fällt ein Aktienindex, macht der ETF einen Gewinn, indem er diesen billiger zurückkauft. Umgekehrt macht der Fonds einen Verlust, wenn ein Aktienindex steigt, weil die Aktien dann zu einem höheren Kurswert gekauft werden müssen. Short-ETFs sind eine vielversprechende Möglichkeit, auch in Zeiten fallender Kurse Gewinne zu erzielen.
    - **ETFs mit Value-oder Growth-Ansatz:** In einem Value-Fonds sind Unternehmensaktien enthalten, die nach bestimmten Kriterien ausgewählt werden. Bei einigen Fonds können bis zu mehrere Hundert Kriterien bestehen, die gefiltert werden. Dafür werden verschiedene Kennzahlen herangezogen, nämlich das historische und erwartete Kurs-Gewinn-Verhältnis, das historische und erwartete Gewinnwachstum, das Kurs-Buchwert-Verhältnis und die Dividendenrendite.

Growth-Indizes enthalten dabei Unternehmen, die ein hohes Wachstum erzielen. Die Gewinnentwicklung steht dabei nicht im Fokus. Growth-ETFs finden sich in der Regel im Technologie-Sektor. Investiert wird vor allem in Werte, die künftig hohe Kursgewinne erwarten lassen.

- **Dividenden-ETFs:** Hier wird ein ETF auf bekannte Dividenden-Indizes emittiert, etwa in die 30 dividendenstärksten europäischen Blue-Chip-Unternehmen. Hierbei werden auch Auswahlkriterien berücksichtigt, die von aktiven Fondsmanagern benutzt werden.
- **ETFs mit Hebelwirkung:** Die Grundlage für diese Form der ETFs ist ein bestimmter Index der Deutschen Börse (Lev-DAX-Index). Dieser Index besitzt einen Hebel von zwei, sodass Anleger an Aufwärtsbewegungen des DAX doppelt profitieren können. Dasselbe gilt jedoch auch für Abwärtsbewegungen.
- **ETFs mit Fundamentalkriterien:** Diese ETFs werden, wie der Name vermuten lässt, nach bestimmten Fundamentalkriterien ausgewählt, konkret nach Bilanz- und Börsenkennzahlen. Bei fundamental gewichteten Indizes handelt es sich um eine Modernisierung der marktkapitalisierungs-gewichteten Indizes. Es wird die finanzielle Größe eines Unternehmens und nicht, wie üblich die Marktkapitalisierung als Basis herangezogen. Der Grund hierfür ist, dass mit

dieser Methode eine Reihe von Nachteilen, die mit der Marktkapitalisierung zusammenhängen, vermieden werden können. Zugleich besteht eine Chance auf höhere Erträge. Die Nachteile der Marktkapitalisierung sind etwa, dass ein Index überbewertete Unternehmen übergewichtet. Auch kann es vorkommen, dass bestimmte Aktien den Index zu stark beeinflussen. Das wird zum Problem, wenn durch Spekulationen Fehlbewertungen von Aktien hervorgerufen werden. Die Marktkapitalisierung bildet außerdem nicht immer das reale Bild der Wirtschaftslage ab. Wie zu Beginn dieses Buchs näher erläutert, müssen sich Preis einer Aktie und deren Wert nicht immer entsprechen. Der Marktpreis einer Aktie kann aufgrund der Anlegererwartungen von den tatsächlichen Zahlen stark abweichen. Diese Erwartungen können zu optimistisch oder zu pessimistisch sein und den Aktienkurs verzerren. Dies führt zu Fehlbewertungen. All diese Nachteile werden bei einer Fundamentalgewichtung vermieden, da diese nach einem quantitativen Modell vorgeht und nach Umsatz, Cashflow, Buchwert und Dividenden gewichtet. Diese Daten kommen aktiven Investmentfonds sehr nahe.

- **Scharia-konforme ETFs:** Im Sinne des Islam Banking gibt es auch ETFs für streng islamisch-gläubige Investoren. Diese ermöglichen Investitionen basierend auf den islamischen Prinzipien. Ausgeschlossen werden Aktivitäten, die gegen die Scharia-Gebote verstoßen. Somit finden keine Unternehmen Berücksichtigung, die in Bereichen wie Alkohol, Glücksspiel, Werbung und Medien, Pornografie, Tabak, Schweinezucht, Gold oder Silber tätig sind.

Sie kennen nun die Auswahlkriterien für ETFs sowie die verschiedenen ETF-Kategorien und deren Charakteristika, sowie Vor- und Nachteile. In einem nächsten Schritt können Sie nun zum „Fine Tuning“ Ihrer persönlichen ETF-Anlagestrategie übergehen. Am Markt haben sich fünf verschieden ETF-Strategien etabliert, die nachfolgend erläutert werden:

- **Cash-Management:** ETFs sind am Markt jederzeit liquidierbar. Anleger können etwaige Liquiditätsüberschüsse daher für kurzfristige Cash-Dispositionen nutzen. Dies verhindert, dass kurzfristige Kursentwicklungen verpasst werden. Hiermit kann durch den Einsatz von ETFs ein „Cash-Drag“ verhindert werden. Das bedeutet, dem Fondsvermögen kann durch Kassenbestände eine geringere Performance gegenüber seiner Benchmark entstehen, falls diese steigt und umgekehrt. Verfügbare Kassenbestände können durch das Investieren in ETFs schnell und kostengünstig zwischen geparkt werden, bis eine langfristige Anlageentscheidung getroffen ist. So ist es also möglich, in Phasen des Aufschwungs Zuflüsse schnell anzulegen, ohne dass die Struktur des eigenen Portfolios verändert werden muss. Umgekehrt kann ein kurzfristiger Liquiditätsbedarf durch die Veräußerung von ETFs sofort gedeckt werden. Für diese Strategie eignen sich vorwiegend Geldmarkt- und Anleihen-ETFs.

- **Core-Satellite-Strategie:** Hier liegt die Idee in der Aufteilung des Vermögens in zwei Gruppen. Einerseits in rein passive Anlageinstrumente, andererseits in rein aktive Instrumente. Die jeweilige Gewichtung ist abhängig von der persönlichen Risikoneigung und vom wirtschaftlichen Umfeld. Ein Großteil des Portfolios wird passiv verwaltet, wird also mit einer breiten Diversifikation in einem Instrument angelegt, das einen Index abbildet. Der Anleger unterliegt hier dem allgemeinen Marktrisiko. Der kleinere Teil des Portfolios wird mit dem Ziel angelegt, eine Outperformance gegenüber dem Vergleichsindex zu erreichen. Dieser Anteil soll daher für ein überdurchschnittliches Rendite-Potenzial sorgen. Dies ist möglich, indem in Erfolg versprechende Regionen, Branchen oder Emerging Markets investiert wird.

- **Asset Allocation:** Die spezifische Verteilung des Vermögens auf die richtigen Anlageklassen und Anlagemärkte ist der wesentliche Erfolgsfaktor bei der Geldanlage. Studien zufolge wird der Erfolg eines Portfolios zu über 90 Prozent durch die Selektion und Gewichtung der richtigen Märkte bestimmt. Unter der Asset Allocation Strategie versteht man in diesem

Sinne die langfristige Aufteilung eines Portfoliovermögens auf verschiedene Anlageklassen, Länder, Regionen und Währungen. Grundlage ist daher eine möglichst hohe Diversifikation. Aus der jeweiligen Gewichtung der Gruppen ergibt sich ein Benchmark-Portfolio, gegenüber dem der Erfolg der kurz- und mittelfristigen Anlagestrategie gemessen werden kann. Kurzfristig wird versucht, die Vermögensaufteilung des Portfolios auf kurzfristige Markttrends auszurichten. Hierbei spielt die Korrelation der verschiedenen Vermögensklassen zueinander eine wichtige Rolle. Je geringer die Korrelation ist, desto geringer ist das Gesamtrisiko des Portfolios. So weisen etwa Rohstoffe und Aktien eine negative Korrelation auf, während Aktien und Anleihen langfristig eine schwach positive Korrelation aufweisen. Auf Basis dieser Faustregeln sollte ein effizientes Mischportfolio erstellt werden.

- **Benchmarking-Strategie:** Wie zuvor beschrieben, sind nur wenige aktive Fonds in der Lage, den Index bzw. dessen Benchmark langfristig zu übertreffen. Um die Rendite des Portfolios mit dem zugrunde liegenden Vergleichsindex (Benchmark) zu erreichen, ist es daher nicht notwendig, Einzelwerte des jeweiligen Index teuer zu kaufen, sondern es kann der gesamte Aktienindex mit einem ETF und damit mit einer einzigen Transaktion an der Börse gekauft werden.

Kapitalanlage ist stets eine Frage der Risikoabwägung. Durch die Möglichkeit der Short-ETFs, kurzfristig agieren zu können, eignen sie sich im Gegenzug zur Absicherung von Long-Positionen, da hier die Notwendigkeit entfällt, kurzfristig Aktien zu verkaufen. In abwärtsgerichteten Märkten generiert man damit trotz fallender Erträge positive Erträge aus dem kurzfristigen Verkauf. Zusätzlich entfallen Transaktionskosten. Das Absichern durch ETFs kann auch nur auf einzelne Sektoren angewandt werden. Da Wertpapiere aus derselben Branche eine hohe Korrelation besitzen, haben negative Kursentwicklungen eines Wertpapiers in der Regel auch negative Auswirkungen auf die anderen Werte derselben Branche. Hier bieten sich Short-ETFs aus verschiedenen Branchen an, um Kursverluste von Einzelwerten durch Leerverkäufe der gesamten Branche auszugleichen.

Finanzielle Intelligenz erwerben: Behavioral Finance

Nachdem Sie nun Eigenschaften und mögliche Anlagestrategien von Aktien und ETFs kennengelernt haben, müssen Sie zuletzt noch verstehen, wie die Anlegerpsyche funktioniert. In diesem Buch haben Sie an verschiedenen Stellen erfahren, dass der Finanzmarkt oftmals von den Entscheidungen seiner Akteure abhängig ist. Aus diesem Grund reicht es nicht aus, nur die faktischen Vorgänge der Märkte zu verstehen. Sie können sich von anderen Anlegern abheben, indem Sie zusätzlich auch die psychologischen Hintergründe verstehen. Dies ist ein wesentlicher Erfolgsfaktor bei der Generierung finanzieller Intelligenz. In der Forschung werden Erkenntnisse hierzu unter dem Begriff der Behavioral Finance zusammengefasst.

Im Kapitalmarkt wird vom sogenannten Homo Oeconomicus ausgegangen, also von einem rational handelnden Menschen bzw. Marktakteur, der versucht, seinen Erwartungsnutzen zu maximieren und der alle wesentlichen Informationen zu jeder Zeit korrekt verarbeitet. Grundlage solcher Überlegungen sind daher effiziente Märkte, deren Kurse einem Zufallsverlauf folgen, da alle verfügbaren Informationen bereits in den Kursen enthalten sind. Aus diesem Grund reagieren die Preise auf effizienten Kapitalmärkten nur auf unvorhersehbare Neuigkeiten. Ob diese Grundannahmen der Kapitalmarkttheorie in der Realität tatsächlich gegeben sind, ist unklar, die Forschung ist sich darüber (noch) nicht einig. Fakt ist jedoch, dass sich am Kapitalmarkt immer wieder Anomalien und Ineffizienzen beobachten lassen und dies, obwohl die Vorgänge der Märkte seit Jahrzehnten analysiert und bewertet werden und sich daraus zahlreiche Strategien zur Kapitalanlage entwickelt haben. Diese Anomalien sind nicht immer mit der Annahme des Homo Oeconomicus vereinbar, sie sind aber auch nicht mit der Kapitalmarkttheorie erklärbar.

Hier setzt die Behavioral Finance an, die versucht, Anomalien zu erklären. Zum einen bestehen Anomalien auf einer individuellen Ebene, sie treten hier durch irrationales Verhalten der Marktakteure auf. Die Kapitalmarkttheorie geht davon aus, dass dieses Verhalten so lange durch rational agierende Marktteilnehmer ausgenutzt wird, bis das irrationale Verhalten nicht mehr besteht. Der Markt reguliert sich in dieser Hinsicht selbst.

Zum anderen bestehen Anomalien jedoch auch auf Ebene des Kapitalmarkts. Dies steht im Widerspruch zur Annahme, dass der Markt sich (vollumfänglich) selbst regulieren kann. Derartige Anomalien entstehen als Folge einer kollektiv auftretenden Anomalie auf der individuellen Ebene.

Die Behavioral Finance versucht in diesem Zusammenhang, diese Anomalien zu erklären, indem sie bewusst vom Idealbild des Homo Oeconomicus Abstand nimmt und stattdessen einen menschlich entscheidenden Akteur in den Fokus stellt, der Fehler macht und sich nur begrenzt rational verhält. Diese Ansicht wird durch Studien bestätigt, die zeigen, dass Menschen sich oftmals anders verhalten, als von der Kapitalmarkttheorie angenommen und dass sie auch aus anderen Motiven handeln als aus reiner Gewinnmaximierung. Dabei muss verstanden werden, dass Behavioral Finance nicht als Gegensatz zur Kapitalmarkttheorie verstanden werden darf, sondern als Ergänzung. Sie versucht, das Vorgehen an den Kapitalmärkten durch soziologische und psychologische Erkenntnisse zu erklären.

Hier besteht die Grundannahme darin, dass Menschen dazu neigen, bestimmte Fehler immer wieder zu begehen. Es ist für Sie als Anleger daher von Vorteil zu wissen, warum diese Fehler begangen werden, wie Sie sie verhindern und welche Schlüsse Sie darauf ziehen können. Hierzu gibt es drei verschiedene Ansätze, mit deren Verständnis Sie zu einem besseren, finanziell intelligent agierenden Anleger werden:

- **Anomalien in der Informationswahrnehmung:** Grundsätzlich basiert ein Großteil der in diesem Buch beschriebenen Anlegerstrategien auf dem Auffinden von Faustregeln und Annäherungslösungen auf der Basis von Erfahrungswerten. Dieses Vorgehen wird als Heuristik bezeichnet. Das ist ein grundsätzlich sinnvolles Vorgehen, da sich der Aufwand, Lösungen für komplexe Probleme zu finden, reduziert. Die Lösungen sind jedoch nicht immer optimal, es kommt zu Fehlern und im weiteren Prozess zu Folgefehlern. Dennoch sind Heuristiken notwendig und Menschen neigen dazu, verstärkt darauf zurückzugreifen, je komplexer eine Entscheidungssituation ist. Heuristiken werden bewusst und unbewusst angewandt, daher ist es von Vorteil, sich dessen bewusst zu sein und die verschiedenen Heuristiken zu kennen. Dies hilft dabei, Verzerrungen zu erkennen und diese zu minimieren. Es ist wichtig zu verstehen, dass Sie als Anleger nicht über alle Informationen verfügen (können), die den Kapitalmarkt beeinflussen. So ist es etwa schwierig, an Insiderinformationen heranzukommen.

- **Selektive Wahrnehmung:** Jene Informationen, die frei verfügbar sind (Tageszeitung, Internet), sind oftmals nicht ausreichend, werden durch aktuelle und einprägsame Ereignisse übergewichtet und führen zu Entscheidungsfehlern. Menschen vernachlässigen Informationen, die im Widerspruch zu ihrer eigenen Meinung stehen. Dies wird als selektive Wahrnehmung bezeichnet. Im Gegenzug werden Informationen verstärkt wahrgenommen, die die eigenen Ansichten bestätigen. Informationen werden vor allem dann selektiv wahrgenommen, wenn eine Entscheidung getroffen wurde, die nicht mehr ohne Weiteres rückgängig gemacht werden kann. Dies gilt etwa für den Kauf einer Aktie. Nach dem Kauf neigt der Anleger dazu, vorrangig jene Informationen wahrzunehmen, die diese Kaufentscheidung bestätigen. Die Empfehlung lautet daher, stets auch ganz bewusst nach Informationen zu suchen und bei der Entscheidung zu berücksichtigen, die der eigenen Meinung widersprechen.

- **Anker:** Anleger neigen dazu, einen anfänglichen Wert als Anker festzulegen. Kommt es zu Anpassungen, werden diese nicht im erforderlichen Ausmaß vorgenommen, sondern orientieren sich zu stark an diesem Anker. Dadurch entstehen Verzerrungen. Neue Informationen werden nicht im erforderlichen Ausmaß berücksichtigt. Das Bewusstsein darüber, dass die menschliche Psychologie so funktioniert, ist wichtig, sodass die Empfehlung lautet, sich über die eigenen Anker bewusst zu sein und neue Informationen bewusst in Entscheidungen mit einzubeziehen. Damit einher geht auch die Abneigung, einen sicheren Verlust zu realisieren. Solange noch eine geringe Chance besteht, ein Geschäft ohne Verlust zu beenden, werden Anleger meist genau diesen Weg wählen, unabhängig davon, ob die Gefahr besteht, einen noch größeren Verlust zu erleiden. Viele Anleger halten Verlustaktien zu lange, weil sie davor zurückschrecken, diese mit Verlust zu verkaufen. Hier lautet die Empfehlung wiederum, rational zu entscheiden, Informationen objektiv und nicht emotional zu bewerten und die richtige Entscheidung zum richtigen Zeitpunkt zu treffen.

- **Entscheidungs-Anomalien:** Menschen neigen zu Repräsentativitätsheuristiken. Diese beruhen auf einem Fehlurteil, das Glücksspieler oft begehen. Das kann mit folgendem Beispiel verdeutlicht werden:

Wird eine Münze fünfmal geworfen und bei jedem Wurf liegt der Kopf oben, beträgt die Wahrscheinlichkeit, dass die Münze beim sechsten Wurf ebenfalls mit dem Kopf oben landet, weiterhin 50 Prozent. Dennoch schätzen Menschen die Wahrscheinlichkeit höher ein, dass die Zahl oben liegt. Der Grund ist, dass mathematische Gesetze falsch interpretiert werden. Dem gleichen Irrtum unterliegen auch Anleger, die im Kurs steigende Aktien verkaufen oder fallende Aktien kaufen, weil sie davon ausgehen, dass der Trend erschöpft ist.

- **Selbstüberschätzung:** Viele Anleger überschätzen ihre Fähigkeit, künftige Kurse vorauszusagen. Außerdem setzen sie die Spannweite für Schätzungen zu eng an. Studien zeigen, dass mehr als die Hälfte der Anleger ihre Fähigkeiten für überdurchschnittlich halten, was jedoch schon rein mathematisch nicht möglich ist. Ein typisches Merkmal für Selbstüberschätzung ist, dass Erfolge auf das eigene Können, Misserfolge aber auf andere Einflüsse zurückgeführt werden. Beim Vorliegen großer Selbstüberschätzung neigen Menschen außerdem dazu, negative Nachrichten verstärkt zu ignorieren. Die Selbstüberschätzung erhöht sich zudem mit zunehmendem Erfolg und bringt einen Anleger dazu, unverhältnismäßig hohe Risiken einzugehen. Hinzu kommt, dass nach einer Reihe großer Erfolge die Erinnerungen an vergangene Verluste zunehmend verblassen. Dies führt zu der gehäuften Entscheidung, bei fallenden Kursen eine bestimmte

Aktie nachzukaufen und so den durchschnittlichen Einstiegspreis zu senken, weil Anleger weiter an ihrer Prognose festhalten. Dabei wird oft übersehen, dass eine Aktie, deren Kurs um 10 Prozent gefallen ist, wieder um 11,11 Prozent steigen muss, um ihren Ursprungswert zu erreichen. Selbstüberschätzung führt zu einer häufig auftretenden Kapitalmarktanomalie, nämlich einer Überreaktion des Marktes in Form von nicht mit Fundamentaldaten rechtfertigbaren Preisbewegungen. Selbstüberschätzung tritt auch bei erfahrenen Analysten auf, sodass Sie als Anleger auch bei Expertenprognosen damit rechnen sollten, dass gewählte Spannweiten zu eng angesetzt wurden.

- **Risikoklassen:** Studien konnten belegen, dass sich die Risikoneigung von Anlegern im Laufe der Zeit zum Teil drastisch verändert. Wer heute noch ein risikofreudiger Spekulant ist, kann übermorgen schon zu einem konservativen Marktteilnehmer werden. In Jahres des Aufschwungs existieren bemerkenswert viele übermütige Anleger, die zu Selbstüberschätzung neigen. Dann geraten Anleger in einen regelrechten Euphorie-Rausch. Kommt es jedoch zu einer Finanzkrise, wendet sich diese Einstellung nahezu von einer Sekunde auf die andere und Sicherheit wird zum relevantesten Thema. Zudem konnten Studien nachweisen, dass die Risikoneigung eines Menschen auch von seiner aktuellen Stimmung abhängt. Die Idee einer festen Risikoeinstellung, die über lange Zeit gleich bleibt, ist daher falsch. In der Realität sollte nicht davon ausgegangen werden, dass die Risikoeinstellung mehr als eine Woche dieselbe bleibt. Andererseits sind Anlagestrategien nur langfristig sinnvoll und nur, wenn sie konsequent umgesetzt werden. Es ist daher sinnvoll, sich seiner Risikoeinstellung bewusst zu sein, ebenso sinnvoll ist es, diese regelmäßig zu überprüfen. Dennoch sollte dies nicht die Grundlage der Anlagestrategie bilden, vielmehr sollte diese auf ersten klaren Anlagezielen beruhen. Nach diesen sollte das Vermögen ausgerichtet werden. Danach folgt der Grundsatz, nach Möglichkeit risikominimiert anzulegen. In einem letzten Schritt ist der individuelle Anlagehorizont ein passender Maßstab für die Auswahl von Anlageprodukten.

- **Mustererkennung:** Wie vorab dargelegt, neigen Menschen zu Heuristiken, was dazu führt, dass sie sich verstärkt auf Muster fokussieren. Menschen versuchen, Muster zu erkennen, um nicht dem Zufall ausgeliefert zu sein. So hilfreich dieses Vorgehen aus psychologischer Hinsicht auch sein mag, so wichtig ist es, zu verstehen, dass Muster in Kapitalmarktdaten oftmals eine kostspielige Illusion sein können. Es gibt zahlreiche Studien, die belegen, dass das Auf und Ab der Börsenkurse zufällig ist. Dies sollte berücksichtigt werden, wenn etwa Chartanalysen herangezogen werden.

- **Kontrollillusion:** Menschen benötigen das Gefühl, die Kontrolle zu besitzen. Dies ist der Grund, warum viele Menschen lieber Autofahren als zu fliegen, obwohl statistisch belegt ist, dass fliegen sicherer ist. Diese weitverbreitete Täuschung nennt sich Kontrollillusion. Es ist die Illusion zu glauben, dass wir aktiv Einfluss auf den Zufall nehmen können. Diese Illusion beherrscht auch den Kapitalmarkt, da Anleger glauben, bessere Chancen zu haben, wenn sie selbst entscheiden können und die Entscheidungen nicht einem Fonds, Index oder Fondsmanagement überlassen. Diese Illusion bringt aber Gefahren mit sich: Anleger glauben, dass viel Aktivität, also das ständige Kaufen und Verkaufen, erfolgreich macht. Studien belegen jedoch das Gegenteil. Die Illusion, alles im Griff zu haben, wiegt Anleger außerdem in falscher Sicherheit. Risiken werden unterschätzt und Anleger versäumen es, sich zeitgerecht Gedanken über das eigene Risikomanagement zu machen. Zudem glauben Anleger, die zu Selbstüberschätzung neigen, auch, nicht auf den Rat von Profis hören zu müssen, da sie selbst alles im Griff haben. Gegen dieses psychologische Risiko schützt der Grundsatz des soliden Investierens und damit die Faustregel, dass Indexprodukte, die auf festgelegten unveränderlichen Regeln basieren, erfolgreicher sind als aktives Fondsmanagement.

- **Nennerblindheit:** Menschen neigen dazu, nach ihrer eigenen Intuition zu handeln. Sie haben Schwierigkeiten, Wahrscheinlichkeiten intuitiv richtig abzuschätzen. Intuitiv achten Menschen auf das, was sich vordergründig am meisten verändert. So werden etwa Anleger durch vordergründig vorhandene Daten beeinflusst, die sich spektakulär und dramatisch präsentieren. Viele Informationen sehen im Gegensatz dazu klein und unbedeutend aus, sind jedoch deutlich wichtiger. Dies ist besonders wichtig bei Investmentfonds, die durch spektakuläre Daten wie historische Renditen oder die Erfolgsgeschichten der Fondsmanager Marketing betreiben. Durch derartiges Marketing werden Anleger geblendet. Weitaus wichtiger sind andere Daten, etwa die laufenden Kosten eines Fonds. Dennoch neigen Anleger dazu, auf falsche Dinge zu achten und Entscheidungen zu treffen, die auf spektakulären, jedoch vergleichsweise unwichtigen Daten basieren.

- **Angst:** Angst ist wichtig, allerdings ist sie bekanntermaßen ein schlechter Berater. Angst macht Menschen vorsichtig und schützt gegen Gefahren. Das ist auch auf dem Kapitalmarkt sinnvoll, denn dort wird es meist sehr gefährlich, wenn Anleger sich zu sicher fühlen. Selbstüberschätzung und Kontrollillusion sind mächtige psychologische Vorgänge, die Angst überwinden können. Leider sind sie oft auch der Anfang vom Ende. Umgekehrt ist Angst aber auch kein Grund, etwas nicht zu tun. Vielmehr ist Angst der beste Grund, etwas tatsächlich zu tun. Sie hilft uns, uns gut vorzubereiten, alle Informationen abzuwägen, eine bedachte Entscheidung zu treffen und Risiken richtig einzukalkulieren. Angst ist daher auch bei Anlegern gut und wichtig. Schlecht ist hingegen, wenn Angst in Panik umschwenkt. Hier können schlimme

Täuschungen und Verwirrungen auftreten, gesunde Vorsicht ist nicht mehr vorhanden, die Panik als Emotion nimmt überhand. In Krisensituationen reagiert ein Großteil der Anleger mit Panik. Sie verlieren die Nerven und treffen falsche Entscheidungen. Auf dem Kapitalmarkt mit all seinen kollektiv agierenden Teilnehmern entsteht durch Panik schnell eine Massenhysterie. Hier ist die sinnvollste Reaktion die konzentrierte Besonnenheit. Es ist wichtig, der drohenden Gefahr emotionslos ins Auge zu blicken. Als finanziell intelligenter Anleger überlegen Sie sich bereits vorher, was Sie tun, wenn eine Krisensituation entsteht.

Last but not least: Die wichtigsten Anlegerfragen

Sie kennen nun nicht nur die Vorgänge auf dem Kapitalmarkt, sondern verstehen auch die grundlegenden psychologischen Vorgänge, die Anleger zu bestimmten Entscheidungen bringen. All diese Erkenntnisse werden im nun folgenden Schlusskapitel zusammengefasst, indem die wichtigsten und bedeutendsten Anlegerfragen der Praxis geklärt werden.

1. Gibt es empirische Erkenntnisse über die besten Anlagestrategien?

Ja. Verschiedene Studien versuchen, Anlagestrategie zu testen. Hierbei wird die Entwicklung verschiedener Portfolios analysiert. Der Grund, warum die meisten Anleger es nicht schaffen, am Markt besser zu sein als der Durchschnitt, sind nicht die Strategien, sondern die mangelnde Disziplin der Anleger. Studien legen nahe, an einer einmal gewählten Strategie festzuhalten, auch wenn es scheint, als würde sie nicht (mehr) funktionieren. Folgende Strategien wurden oft empirisch untersucht, sodass gewisse Schlüsse gezogen werden können:

- **Kurs-Gewinn-Verhältnis:** Studien untersuchten Portfolios, die jeweils das höchste und das niedrigste Kurs-Gewinn-Verhältnis aller deutschen Aktien aufweisen. Hier konnte festgestellt werden, dass auch bei einem konsequenten Investieren ausschließlich in die höchsten Kurs-Gewinn-Verhältnis-Portfolios langfristig ein Verlust entstehen kann. Gleichzeitig waren Portfolios mit den niedrigsten Kurs-Gewinn-Verlusten überlegen. Erklärbar ist dies mit der mangelnden Disziplin der Anleger, die stark auf Volatilität reagieren. Die wichtige Erkenntnis ist, dass es sich langfristig nicht lohnt, Aktien zu kaufen, deren Kurse von zu optimistischen Anlegern in die Höhe getrieben werden. In Boomphasen kann es sich auszahlen, auf Werte mit hohem Kurs-Gewinn-Verhältnis zu setzen. Hierbei ist es jedoch stets wichtig, den richtigen Ausstiegszeitpunkt nicht zu verpassen. Für langfristig orientierte Anleger ist andererseits eine Strategie sinnvoll, die auf Aktien mit niedrigem Kurs-Gewinn-Verhältnis basiert.

- **Kurs-Cashflow-Verhältnis:** Auch das Verhältnis zwischen Kurs und Cashflow ist eine sinnvolle Ausgangslage für Anlageentscheidungen. Dieses Verhältnis gilt als aussagekräftiger als das Kurs-Gewinn-Verhältnis. Stellt man jedoch einen empirischen Vergleich mit dem DAX an, ist die Strategie „hohes Kurs-Cashflow-Verhältnis" dem DAX weitestgehend unterlegen. Anleger, die eine langfristige Strategie suchen, sollten daher Aktien mit einem hohen Kurs-Cashflow-Verhältnis meiden. Hingegen zeigen Aktien mit einem niedrigen Kurs-Cashflow-Verhältnis einen vergleichsweise hohen Ertrag.

- **Kurs-Buchwert-Verhältnis:** Auch dieses Verhältnis kann als Entscheidungsgrundlage dienen. Hier besteht das gleiche Problem wie bei den anderen beiden Verhältnissen. Gleichzeitig ist diese Strategie sehr risikoreich bei spontanen Kursverfällen, hierbei kann es zu hohen Verlusten kommen. In einer volatilen Phase treten bei dieser Strategie die höchsten Verluste auf.
- **Dividendenrendite:** Bei dieser Strategie wird kein Vergleichsportfolio gebildet, sondern werden nur jene Aktien analysiert, die im Betrachtungszeitraum eine hohe Dividendenrendite aufweisen. Hier konnten Studien belegen, dass Aktien mit hoher Dividendenrendite ein vergleichsweise geringes Risiko aufweisen und eine geringe Standardabweichung erreicht wird. Das Portfolio kann sich relativ konstant entwickeln.

2. Wie kann die innere Distanz gewahrt werden, um der Gefahr emotionaler Entscheidungen zu entgehen?

Im Buch wurde dargelegt, wie wichtig die psychologischen Vorgänge der Anleger sind. Daher ist es wichtig, sich über die Emotionen im Klaren zu sein und innere Distanz zu bewahren. Hierbei hilft es, sich konkrete Anlageziele zu setzen. Nur so lässt sich die Strategie sinnvoll ausrichten. Solche Ziele sind beispielsweise:

- Altersvorsorge
- Liquiditätsreserve
- Ansparen eines bestimmten Geldbetrags

Als Anleger sind Sie umso erfolgreicher, je deutlicher und klarer Sie Ihre Ziele setzen. Gleichzeitig ist es notwendig, das Auf und Ab am Kapitalmarkt und den Drang, Verluste zu vermeiden und Gewinnmaximierung zu betreiben, distanziert und von außen zu betrachten. Können Geschehnisse mit großem Abstand betrachtet werden, ist es einfacher, den Blick für die wesentlichen Dinge, Daten und Informationen zu schärfen. Haben Sie stets den Blick auf die langfristige Strategie und auf die langfristigen Ziele, dann wird es Ihnen gelingen, einen kühlen Kopf zu bewahren.

3. Welche Aufteilung mit liquiden Finanzinstrumenten ist sinnvoll?

Wie in diesem Buch aufgezeigt, gibt es zahlreiche Anlagestrategien, die sich am Markt etabliert haben. Basis für die Aufteilung der Finanzinstrumente ist in der Regel die eigene Risikoeinstellung. Eine typische Faustregel lautet jedoch: 70 Prozent Anleihen, 30 Prozent Aktien.

Viele Anleger lassen sich vom Blick in die Vergangenheit überzeugen. Finanzberater verweisen in der Regel auf einen Horizont der letzten 10 oder 20 Jahre. Das ist sinnvoll, da Jahresrenditen starken Schwankungen unterlegen sind. Dennoch muss beachtet werden, dass bei langfristigen Betrachtungen auch nur durchschnittliche langfristige Renditen erkannt werden können. Tatsächlich ist eine Übergewichtung von Anleihen bzw. Rentenfonds aber immer dann fraglich, wenn die zu erwartenden Anleiherenditen niedriger sind als Festgeldzinsen. Das gilt für Rentenfonds umso mehr, da diese im Vergleich geringere Renditen aufweisen als risikoreichere Anlagen und ebenfalls hohe Verwaltungsgebühren haben.

Zudem ist die Faustregel 70-30 problematisch, wenn am Aktienmarkt Phasen entstehen, in denen es sehr schlecht läuft. Daraus folgt, dass Faustregeln, die eine fixe Aufteilung vorsehen, unter folgenden Aspekten durchdacht werden sollten:

- Es handelt sich ausschließlich um eine langfristige Strategie. Für kurz- oder mittelfristig orientierte Anleger ist sie ungeeignet.
- Die Strategie ist fraglich, wenn man mit Geldmarktprodukten höhere Zinsen erhält, als mit Anleihen langfristig zu erwarten sind.
- Das Risiko, das selbst mit einem sehr niedrigen Aktienanteil verbunden ist, darf nicht unterschätzt werden.

4. Was ist, wenn ich eine mittelfristige Anlagestrategie bevorzuge?

Wenn Sie eine mittelfristige Strategie bevorzugen, müssen Sie Ihre Anlageentscheidungen entsprechend anpassen. Für ein mittelfristig ausgerichtetes Portfolio sind Discountzertifikate besonders geeignet. Mit diesen können gute Gewinne erzielt werden, wenn steigende, stagnierende oder leicht fallende Aktienmärkte vorherrschen.

Gibt es allerdings einen stark fallenden Trend am Aktienmarkt, ist die Gefahr von Kursverlusten sehr hoch. In diesem Fall rutschen Discountzertifikate ins Minus. Dies allerdings in sehr viel geringerem Ausmaß als Aktien.

Um auch mittelfristig eine gute Risikostreuung zu ermöglichen, sollte neben Discountzertifikaten auch in Anleihen investiert werden. Zudem sollte nicht nur ein DAX-Zertifikat erworben werden, sondern ein ganzes Portfolio mit Discountzertifikaten. Diese gibt es auf verschiedenen Märkten, etwa Europa, Nordamerika, Japan, aber auch in Schwellenländern und für den Rohstoffsektor. Auch bei mittelfristiger Geldanlage gilt daher: Diversifikation ist alles.

5. Ist es sinnvoll, ausschließlich in Aktien zu investieren?

Die Antwort ist: Es kommt darauf an. Risikofreudige Anleger legen manchmal bis zu 100 Prozent ihres Vermögens nur in Aktien an. Das Argument für eine solche Strategie ist, dass diese Anlageklasse auf lange Sicht nach wie vor die höchsten Renditen erwarten lässt. Das ist grundsätzlich richtig. Zu beachten ist jedoch: Wer sein gesamtes liquides Vermögen in Aktien investiert, geht ein übermäßig hohes und im Grunde unnötiges Risiko ein. Einer intelligenten Kapitalanlage liegt stets der Grundsatz der Risiko- bzw. Portfoliodiversifikation zugrunde. Dies fordert unbedingt, auch andere Anlageformen beizumischen. In der Regel ist die Mischung Aktien-Anleihen-Rohstoffe am sinnvollsten.

Bei der Aktienanlage ist es unbedingt notwendig, antizyklisch zu kaufen oder zu verkaufen. Das ist aber nur möglich, wenn man Liquiditätsreserven hat. Aus diesem Grund sollte nie das gesamte Vermögen ausschließlich in Aktien angelegt werden.

6. Gibt es hilfreiche Faustregeln, an die ich mich als Anleger immer halten kann?

Ja. Diese basieren auf der Unterscheidung zwischen Spekulant und Investor. Sie müssen für sich also klären, ob Sie ein Spekulant sein wollen, der den Kapitalmarkt als Ort des Glücksspiels ansieht, oder ein Investor, der mit einer klaren Anlagestrategie klare Ziele verfolgt. Je nachdem, wer Sie sein wollen, dienen die nachfolgenden Faustregeln als Orientierung.

Ein Spekulant …	**Ein Investor …**
Sucht den schnellen Gewinn	Denkt langfristig, entscheidet langfristig, investiert langfristig
Orientiert sich an kurzfristigen Kursschwankungen	Blendet kurzfristige Marktschwankungen völlig aus

Ein Spekulant …	Ein Investor …
Versucht, durch geschicktes Timing Marktchancen wahrzunehmen	Glaubt nicht daran, dass man durch Timing einen Mehrwert schaffen kann
Glaubt an die Vorhersehbarkeit von Börsenbewegungen, etwa auf Basis von Chartanalysen	Hält den Versuch, kurzfristige Marktschwankungen vorherzusagen, für sinnlos
Handelt prozyklisch, kauft bei steigenden und verkauft bei fallenden Märkten	Handelt antizyklisch, verkauft bei steigenden und kauft bei fallenden Märkten

7. Können Finanzdienstleister helfen?

Das kommt darauf an. Grundsätzlich tummeln sich am Markt zahlreiche Finanzdienstleister, die unterschiedliche Dienste anbieten. Alle haben Vor- und Nachteile:

- **Banken:** Banken wurden lange als Institution des Vertrauens wahrgenommen. Dies ist heute nicht mehr zwangsläufig so. Das liegt nicht zuletzt daran, dass hohe Zielvorgaben die heutigen Bankberater unter einen enormen Verkaufsdruck bringen, der nicht immer zu einer sinnvollen Beratung führt. Wenn Sie dennoch von den Fähigkeiten Ihres

Bankberaters überzeugt sind, sollten Sie bei der Beratung auf folgende Punkte achten: offener Umgang mit dem Thema Gebühren, offener Umgang mit eventuellen Abhängigkeiten des Beraters, Ausrichtung an die spezifischen Wünsche und Ziele des Kunden, ganzheitliche Beratung.

- **Finanzberater:** Mit der Entwicklung der Finanzmärkte hat sich die Berufsgruppe der Vermögens- und Finanzberater etabliert. Wichtig zu wissen ist, dass es sich hierbei grundsätzlich nicht um einen geschützten Berufstitel handelt, darunter können sich daher unterschiedliche Berufsgruppen befinden (Fondsvermittler, Versicherungsvertreter, Vermögensverwalter, etc.). Grundsätzlich gilt: Der Schlüssel zu einer guten Beratung ist die Unabhängigkeit. Sie sollten daher sehr genau prüfen, für wen Ihr Finanzberater tätig ist und wer im Hintergrund die Strippen zieht. Orientierungspunkte, die für einen guten, professionellen, unabhängigen Finanzberater sprechen, sind: die Wünsche des Anlegers stehen im Vordergrund; der Berater überzeugt durch Fachkompetenz; er geht auf übertriebene Ängste ein; er setzt den Anleger nie unter Druck; er kennt seine eigenen Grenzen und gibt sie offen zu; er ist immer korrekt und ehrlich; er geht offen mit Kosten und Gebühren um.

- **Honorarberater:** Allein die Tatsache, dass Sie als Anleger für eine Finanzberatung bezahlen müssen, spricht noch nicht dafür, dass der Berater wirklich hilfreich ist. Auch hier gelten folgende

Orientierungspunkte: die Beratung richtet sich nach den individuellen Zielen und Wünschen des Anlegers; die Beratung ist effektiv und zielorientiert; die Beratung umfasst auch die Umsetzung neuer Anlagestrategien.

- **Vermögensverwalter:** Eine Vermögensverwaltung, etwa durch aktiv gemanagte Fonds, ist in der Regel kostenintensiv. Andererseits bringt sie auch Vorteile: Der Anleger muss sich um nichts kümmern; ein Profi ist am Werk; es besteht eine hohe staatliche Überwachung für lizenzierte Vermögensverwalter, das gibt Sicherheit. Dennoch sollten Sie auch hierbei bestimmte Punkte im Auge behalten: Wie hoch ist die Gesamtkostenbelastung? Welche Anlagestrategie verfolgt der Vermögensberater? Ist eine ausreichende Risikodiversifikation gewährleistet? Wie sieht das Risikomanagement aus?

HAFTUNGSAUSSCHLUSS

Dieses Buch enthält Meinungen und Ideen des Autors / der Autorin und hat die Absicht, Menschen hilfreiches und informatives Wissen zu vermitteln. Die enthaltenen Strategien passen möglicherweise nicht zu jedem Leser, und es gibt keine Garantie dafür, dass sie auch wirklich bei jedem funktionieren. Die Benutzung dieses Buchs und die Umsetzung der darin enthaltenden Informationen erfolgt ausdrücklich auf eigenes Risiko. Haftungsansprüche gegen den Autor für Schäden materieller oder ideeller Art, die durch die Nutzung oder Nichtnutzung der Informationen bzw. durch die Nutzung fehlerhafter und/oder unvollständiger Informationen verursacht wurden, sind ausdrücklich ausgeschlossen. Das Werk, inklusive aller Inhalte, gewährt keine Garantie oder Gewähr für Aktualität, Korrektheit, Vollständigkeit und Qualität der bereitgestellten Informationen. Druckfehler und Fehlinformationen können nicht vollständig ausgeschlossen werden.

Impressum:
Ataro Kitap Yayıncısı,
İsmet Kaptan, Gazi Blv. No:116, 35210 Konak/İzmir,
Turkey,
atarokitap.izmir@gmail.com

Printed in Poland
by Amazon Fulfillment
Poland Sp. z o.o., Wrocław

10231305R00063